100万人の三國志 ハンディガイド

コーエーテクモゲームス出版部・編

三國志の世界へようこそ!

**ゲームの舞台となる「三国志」の世界を紹介!
時代背景や人間関係を知って、もっとゲームを楽しもう!**

西暦200年ごろ、中国後漢末期、王朝の政治が乱れ、地方では豪族がその勢力を強めていた。そのなか、太平道の教祖・張角を旗印とした反乱「黄巾の乱」が勃発。時代は一気に戦乱の渦へ巻き込まれていく。

戦乱はあまたの群雄を生んだ。皇帝を擁立し、一時は朝廷を掌握した凶星・董卓。裏切りを繰り返した最強の武神・呂布。河北から大陸に覇を唱えんとした名族・袁紹。だが、彼ら数多くの群雄たちも淘汰され、最後に残ったのは真の英雄たる3人だった。

人並み外れた英知と統率力で強国・魏を統べた曹操。優れた配下に恵まれ、蜀を人徳でまとめた劉備。地の利と巧みな外交で生き残った呉の孫権。戦乱を勝ち残った三国は、天下の大軍師、諸葛亮が提言した「天下三分の計」の通り、三つ巴の戦いへと突入していく……。

**そんな群雄たちが戦った「三国時代」。
キミも英雄たちとともに戦おう!**

蜀

劉備が人徳をもって治めた国。
魏や呉に国力で劣ったが、
優れた戦略と家臣の団結で戦いぬいた。

劉備
中山靖王の末孫として漢の再興を目指す。義を重んじした名君。

関羽
劉備の義兄弟。見事にたくわえた髭から「美髯公」の異名を持つ。

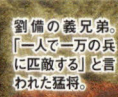

張飛
劉備の義兄弟。「一人で一万の兵に匹敵する」と言われた猛将。

諸葛亮
三顧の礼で迎えられた天才軍師。卓越した戦略眼を持つ。

魏

曹操
強烈なリーダーシップを持つ君主。才を愛し、各地から人材を集めた。

夏侯惇
隻眼の将。つねに曹操の傍らにあり、多くの戦場に立った。

張遼
「泣く子も黙る」と恐れられた将軍。元は呂布に仕えていた。

司馬懿
野心にあふれる軍師。のちに晋を建国した司馬炎の祖父。

治世の能臣、乱世の奸雄と評された曹操の統治する国。河北の袁紹との戦いに勝利し、三国最大の勢力へと発展した。

あまたの群雄

戦乱の時代を駆け抜けたあまたの群雄。強く美しい女性たちも見逃せない存在だ。

董卓
呂布
貂蝉
蔡エン

呉

孫堅、孫策、孫権と三代に渡って勢力を伸長させた国。温暖で肥沃な江東を有し、強力な水軍を擁立して魏と蜀に対抗した。

孫権
志半ばで倒れた父と兄の遺志を継ぐ。孫呉の地を守った賢君。

周瑜
呉軍きっての戦略家。容姿端麗で「美周郎」と称される。

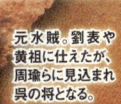

甘寧
元水賊。劉表や黄祖に仕えたが、周瑜らに見込まれ呉の将となる。

陸遜
若き軍師。関羽討伐などで名を上げ、大都督に任じられる。

100万人の三國志ってこんなゲームだ！

基本的なゲームの流れ

クエスト、エピソード、合戦の3本柱

本作は約2000年前の中国の物語、「三国志」を舞台にしたソーシャルゲームだ。プレイヤーは君主となって中国全土の統一を目指していく。ゲームの基本となるのは、クエスト、エピソード、合戦の3要素。武将を集めて軍団を強化し、三国時代の英雄たちやほかのプレイヤーと戦っていくのだ。

基本的なゲームの流れ

クエスト　自軍を鍛える
- 武将を集める！
- アイテムゲット！
- 経験値＆レベルアップ
- 銭を集めてアイテム購入
- 都市を獲得

エピソード　物語を進める
- 武将を集める！
- アイテムゲット！
- 経験値＆レベルアップ
- 銭を集めてアイテム購入

合戦　君主同士の戦い
- 都市を獲得
- 地方を統一で収入アップ！
- 全地方統一で天下を制覇！

クエスト　自軍を鍛える

地方ごとに発生するクエストを実行してレベルアップし、自軍を鍛えよう。1地方のクエストをすべてクリアするとボスが登場、倒すと次のクエストへ進める。また、武将が仕官してきたり、アイテムを獲得することもある。

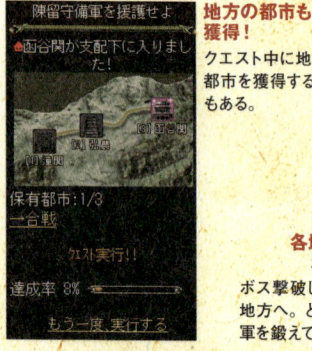

地方の都市も獲得！
クエスト中に地方の都市を獲得することもある。

各地方にはボスが!!
ボス撃破して、次の地方へ。どんどん自軍を鍛えていこう！

エピソード　物語を進める

　エピソードでは、黄巾の乱、赤壁の戦いなど三国時代のさまざまな物語を楽しめる。また、クエスト同様に自軍を強化でき、エピソードごとに中ボスやボスも待ち構えている。

歴史イベントがいっぱい
戦い以外にも、三国時代のエピソードが多数楽しめる。

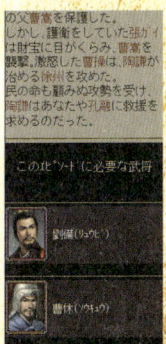

エピソード実行には条件が
エピソードには、クエストで集めた武将が必要になる。

合戦　君主同士の戦い

　合戦はプレイヤー君主同士が都市を奪い合う戦いだ。地方統一には合戦は不可欠。クエストなどで自軍を鍛え、戦いを挑もう。全地方を統一して、中国全土を制覇するのだ。

最後の1つは合戦で
地方最後の都市は合戦でなければ獲得できない。

君主同士の戦い
相手はほかのプレイヤー君主。一筋縄ではいかない。

そのほかにもお楽しみがいっぱい！

　メインの3要素以外にもお楽しみはいっぱい。武将を集めてコレクションを完成させ褒美をゲットしたり、季節のイベントやキャンペーンで武将やアイテムを獲得しよう。

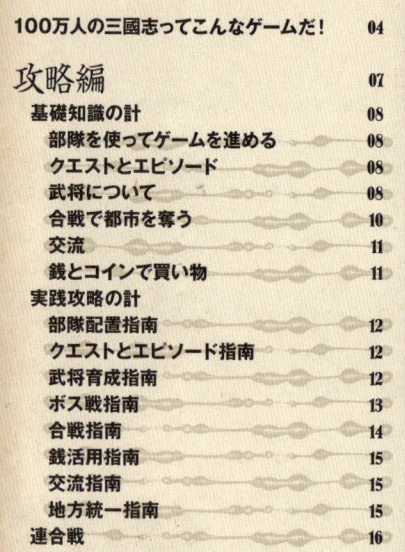

100万人の三國志 ハンディガイド

目次

100万人の三國志ってこんなゲームだ！ … 04

攻略編 … 07
- 基礎知識の計 … 08
  - 部隊を使ってゲームを進める … 08
  - クエストとエピソード … 08
  - 武将について … 08 
  - 合戦で都市を奪う … 10
  - 交流 … 11
  - 銭とコインで買い物 … 11
- 実践攻略の計
  - 部隊配置指南 … 12
  - クエストとエピソード指南 … 12 
  - 武将育成指南 … 12
  - ボス戦指南 … 13
  - 合戦指南 … 14
  - 銭活用指南 … 15
  - 交流指南 … 15
  - 地方統一指南 … 15 
- 連合戦 … 16

クエスト＆エピソード編 … 17
- 地域の攻略順について … 18 
- クエストデータ … 19
- クエスト・ランダム獲得武将 … 28
- 武将能力ランキング … 30
- エピソードデータ … 31
- 期間限定イベント＆キャンペーン … 44

データ編 … 45
- 武将データ … 46
- アイテムデータ … 66
- 武将コレクションデータ … 70
- ランダム獲得武将 … 76
- 称号データ … 80

※本書の内容について疑問な点やご不明の点などがございました場合は、以下のURLの、商品情報を参照してください。
http://www.gamecity.ne.jp/media/book/book_2.htm
※本書の内容についてゲームマスターに問い合わせすることはご遠慮下さい
※本書で紹介している攻略法、データは2011年3月4日現在のゲーム内容に準拠しています。オンラインゲームである本タイトルは、今後のバージョンアップによって、データなど、ゲーム内容が変わることがあることをご了承ください。

攻略編

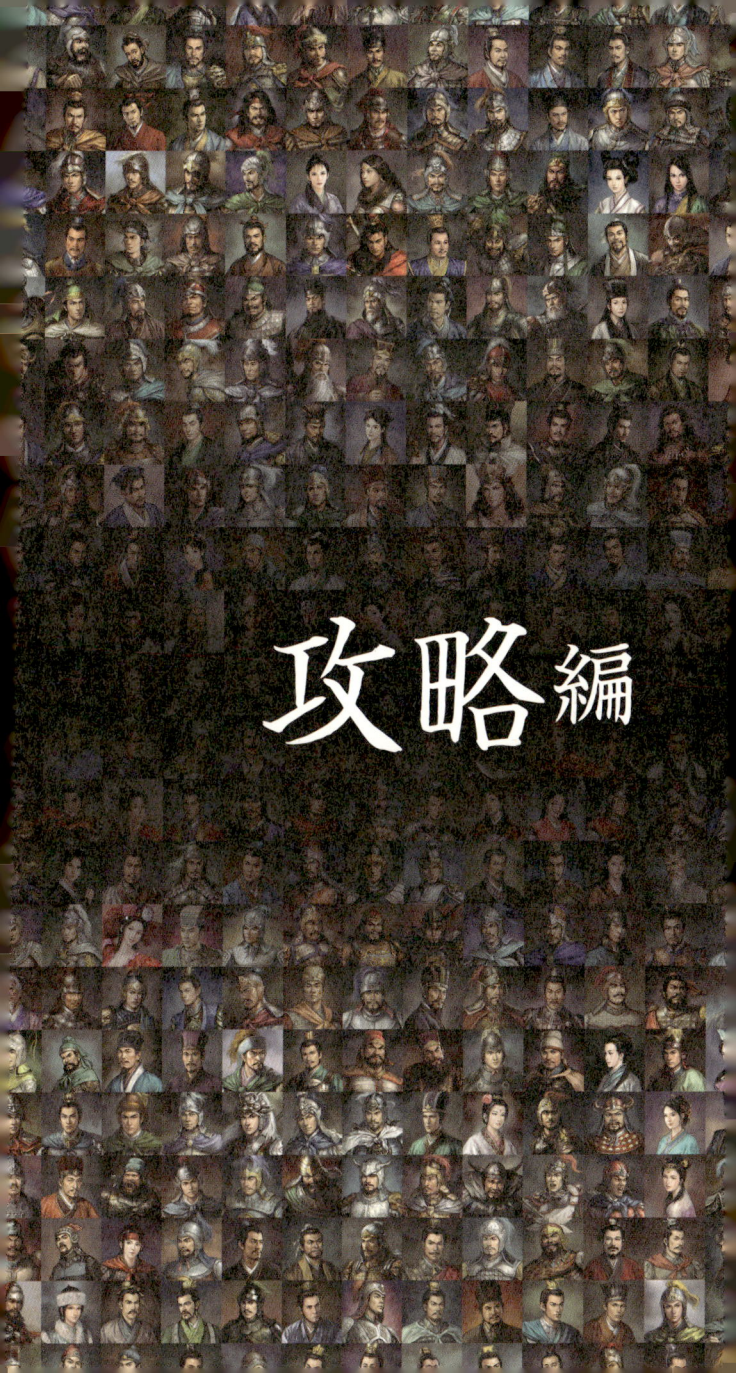

基礎知識の計

ゲームの概要やプレイの流れなど基本知識について解説

部隊を使ってゲームを進める

3つの部隊を使い分けて ゲームを進める

プレイヤーは行動、攻撃、防御という役割の違う部隊を使ってクエストやエピソード、合戦を行う。部隊数はレベルアップやクエストの達成時などに増やせる。なお部隊は使うと消費され、回復には一定時間かアイテムが必要になる。

各部隊の使用目的

- ●**行動部隊**
  クエストやエピソードで（p09）使用。3分で1回復
- ●**攻撃部隊**
  合戦（p10）で攻める際に使う 1分で1回復
- ●**防御部隊**
  合戦をしかけられた際に使う 1分で1回復

武将について

3タイプの武将を 駆使して戦う

武将はクエストの実行武将や、合戦での戦力として活躍してくれる存在。猛将、知将、将軍の3タイプがいる。

関羽（カンウ）❷
❶攻 370　防 369
❸修練 0/4　=強化
❹覚醒 6　英雄
装備を与える

武将能力の見方

❶攻／防
攻撃力と防御力。合戦やクエストとエピソードのボス戦での強さに影響する。

❷気力
クエストやエピソードで実行武将になったときや、合戦で消費。0になるとクエストとエピソードでの部隊消費が2倍になる。画面上は顔マーク（アイコン）で表示。

❸修練
その武将に何回指南書を使って強化したかを示す。上限は武将ごとに異なる。また、上限に達しても、限界突破を行うと、また指南書を使える。

❹覚醒／限界突破／英雄
武将が覚醒した回数（最大8回）。覚醒についてはp09を参照のこと。

武将の強化

アイテムで武将を強化すればボス戦、合戦が有利に

　武将は、関連の深い武将の名がついた「○○の指南書」というアイテムで、能力を強化できる。強化回数には上限があるが、限界まで強化すると、その武将は覚醒状態になり、より能力がアップする。覚醒後、「名将の心得」「英雄の閃き」「英雄の心得」を使うと、再び強化可能になる（最大8回）。

強化の流れ

1. 指南書で強化
2. 上限まで指南書を使って覚醒する
3. 名将の心得で限界突破
4. 1～3を5回繰り返したら、「英雄の閃き」を使い、英雄状態にする
5. 再び指南書で限界まで強化したら、「英雄の心得」を使って限界突破する

武将の獲得

武将の人数が多いほど合戦を有利に戦える

　武将は主に右記のような方法で増やすことが可能だ。武将は合戦の戦力になるとともに、クエストやエピソードの実行にも必要になる。積極的に集めていこう。

武将の主な獲得方法

- クエストを実行したときにランダムで獲得
- クエストやエピソードのボス戦に勝利して獲得
- 計略書で獲得
- イベントやキャンペーンなどで獲得

クエストとエピソード

メインシナリオのエピソードとサブのクエスト

　クエストとエピソードは行動部隊を消費して行い、達成率を100％にするとクリアとなる。主な目的は、クエストが自軍の強化、エピソードがストーリーの進行だ。

クエストの特徴

- クリアすると部隊数+1
- 地方の全クエストをクリアするとボスが登場
- ボス撃破で次の地方へ

エピソードの特徴

- ストーリーにあわせて、中ボスやボスが登場
- ボス撃破で次のエピソードへ

基礎知識の計

合戦で都市を奪う

基本的なルール

都市を奪って地方を統一しよう

合戦の目的は、ほかの君主から都市を奪って地方を統一すること。お互いの猛将、知将、将軍の集団同士が戦って2勝以上したら勝利となり、都市を獲得できる。都市の獲得はクエストでも可能だが、統一直前の最後の都市だけは、合戦で奪い取る必要がある。

都市の属性による防御力補正

軍事
猛将タイプの防御力×1.5

商業
知将タイプの防御力×1.5

大都市
将軍タイプの防御力×1.5

合戦のルール

- 攻撃対象となる都市を持つプレイヤーのなかから、対戦相手を選べる
- 互いの猛将、知将、将軍同士が3本勝負を行い、2勝以上したほうが勝ち
- 攻撃側は猛将、知将、将軍のどれかに精鋭を与えられる。精鋭を与えられたタイプは攻撃力が1.5倍になる
- 防御側は都市の属性によっていずれかのタイプの防御力が1.5倍になる(左記参照)
- 守備側は計略アイテムで合戦を有利にできる

合戦時の攻撃力と防御力の値

攻撃力と防御力には部隊数が大きく関わる

合戦では攻撃力と防御力を比較して勝敗が決まるが、それぞれの基本値は合戦に参加する武将数で決まる(右記参照)。武将がいても部隊が足りなければ攻防の数値には加算されない。ただし、参加可能人数に対し武将が足りない場合は、足りない1人分ごとに値が+10される。

攻撃力・防御力の計算

- 参加武将の攻撃力・防御力の合計が基本値
- 参加可能武将は、各タイプごとに攻撃(防御)部隊の1/3人が最大(切り捨て)。参加武将が足りない分は、1人あたり+10
- 参加する武将は能力の高いものが優先
- 援軍武将の能力を加算

攻撃力と防御力の計算の例

 以下に攻撃力と防御力の計算の例(援軍を除く)を記載した。例は攻撃力のみだが、計算方法は防御力もまったく同じだ。各タイプの人数が部隊数の1/3(切り捨て)とつりあっている場合は、武将全員の攻撃力(防御力)。部隊数が多い場合は、不足分の武将1人につき+10。武将数が多い場合、参加武将以外の能力は加算されない。

部隊数と武将数	攻撃部隊数	猛将	猛将攻撃力	知将	知将攻撃力	将軍	将軍攻撃力
つりあっている場合	30(各タイプ10人参加)	10人	10人分の攻撃力	10人	10人分の攻撃力	10人	10人分の攻撃力
部隊数が多い場合	30(各タイプ10人参加)	9人	9人分の攻撃力+10(不足1人分)	8人	8人分の攻撃力+20(不足2人分)	7人	7人分の攻撃力+30(不足3人分)
武将数が多い場合	30(各タイプ10人参加)	11人	上位10人分の攻撃力	12人	上位10人分の攻撃力	13人	上位10人分の攻撃力

交流

戦友を増やせばさまざまなメリットが

 ほかのプレイヤーと交流し、戦友になれば右記のようなメリットがある。とくに部隊数追加はうれしい要素だ。なお戦友は、レベルが上がるほど多く持てるようになる。

戦友を作るメリット

- 戦友を1人作ると部隊数+3
- ボス戦で応援がもらえる
- 援軍を送りあえば、合戦で攻撃力や防御力がアップ
- 礼でポイントをため、そのポイントで行動部隊や武将の気力が回復できる

銭とコインで買い物

コインを使えばゲームがより楽しく!

 アイテムは銭かコインで獲得できる。銭はゲーム中に入手可能だが、コインは現金で購入するもの。コインでしか買えないアイテムもあり、これらはかなりゲームを進めるうえで有用なものだ。

コインで買うアイテムの例

- **部隊回復の書**
  部隊数を全回復できる
- **名将の心得**
  覚醒した武将を、再び強化可能にする
- **獲得計略書**
  中級や上級はコインのみ。より強力な武将を獲得しやすい

実践攻略の計

より実践的な攻略のアドバイスを授けていこう！

部隊配置指南

まずはクエストを多く実行できるようにすべし

ゲーム序盤はクエストやエピソードを進めやすいように、行動部隊へ優先して割り振る。合戦を重視する場合は、攻めたときに勝てるよう、攻撃部隊を重視しておきたい。

- 序盤は行動部隊を優先して増やすのだ
- 攻撃と防御部隊は3の倍数が理想。これには合戦に参加する武将数が関係しているぞ（p11参照）

劉備

クエストとエピソード指南

まずはクエストで武将を集めてからエピソードを

クエストを実行すると、ランダムで武将を入手したり、都市を獲得することがある。武将集めや合戦も同時に進めるなら、まずはクエストを優先して実行しよう。

- クエスト達成で都市を獲得することがあります
- クエストを達成すると部隊数が＋1されます
- エピソードでは都市を獲得することはありません

諸葛亮

武将育成指南

各タイプ3人は英雄を目指して育成すべし

合戦に勝ちたいなら、指南書がそろい、覚醒可能な武将を優先的に育成していこう。関連武将が多い武将は、その分成長するので、優先して覚醒させたいところだ。

- 指南書や銭が少ないうちは、育成武将をしぼったほうがいいぜ
- ゆくゆくは全武将を最低でも1回は覚醒させておきてえな

張飛

ボス戦指南

武将を強化し、戦友を作って挑め！

ボス戦ではプレイヤーのレベル、部隊の数と実行武将の強化具合で基本的な戦力が決まる。そのうえで、戦友の応援を加えることもできる。応援の効果は下記の通り。仁徳タイプの戦友の応援で攻撃を強化、武勇タイプの戦友の応援で防御を強化すると、多少の不利を跳ね返して戦えるぞ。

▲体力回復アイテムの金丹があれば、敵将が多少強くても勝てる。ただし一度のボス戦で使える金丹は3個まで。

応援（攻撃）
（知り合い）
LV:2
君主タイプ：仁徳
攻撃部隊：10
防御部隊：10
一変更する

▲応援の設定はボス戦前に行う。応援を受けることにデメリットや条件はないので、ぜひ戦友の助けを借りよう。

- ●実行武将を強化・覚醒して挑め！
- ●レベルを上げて部隊を増やせ！
- ●戦友の応援を活用せよ！
- ●金丹の用意を忘れるな！

孫策

ボス戦での武将の強さに関係する要員

【攻撃力】	【防御力】	【体力】
レベル・攻撃部隊数・実行武将の攻撃力・実行武将の覚醒回数	レベル・防御部隊数・実行武将の防御力・実行武将の覚醒回数	レベル・行動部隊数・実行武将の覚醒回数

応援に来た戦友のユーザーのタイプと効果

【攻撃】	【防御】
武勇→必殺の確率アップ	武勇→防御力アップ
知略→ボスの攻撃力、防御力ダウン	知略→金丹の効果、体力アップ
仁徳→攻撃力アップ	仁徳→回避確率アップ

実践攻略の計

合戦指南

合戦の準備

合戦に参加する武将をできるだけ増やすべし

合戦に参加できる武将数は以下のとおり攻撃・防御の部隊数で決まる。レベルアップなどで部隊を割り振るときは、手持の武将数を考慮しよう。

- 猛将、知将、将軍とバランスよく集めるといい
- 気力がない武将は、能力がダウンするのだ
- 攻撃部隊が減っていると、参加武将も減るぞ

関羽

合戦での攻撃、防御力

❶攻撃(防御)部隊数÷3が各タイプ(猛将、知将、将軍)の参加武将の数。君主と同じタイプはさらに参加武将+1

❷攻撃力(防御力)の高い順から参加部隊数の数だけ、武将を選抜。その攻撃力(防御力)を合計する

勝てる相手を選ぶべし

相手の数値をチェック!

合戦では勝てそうな相手を探して戦おう。最初に見るのは武将数と3タイプの所有バランス。その後、相手を選択してひとつだけ見える防御力をチェックしよう。

- 総武将数が自分より少ない相手を選びなされ
- 敵将の数が少ないタイプは勝利を見込みやすいのぉ
- 勝率が高い敵は伏兵に注意じゃ

黄忠

2勝1敗を狙って、精鋭を与えるべし

精鋭部隊は相手の精鋭を避けて配置

精鋭を与えた武将は、相手が精鋭でなければ高い確率で勝つ。防御力が見えて確実に勝てるとわかる場合を除き、精鋭同士の対決は避けよう。

- 狙うのは精鋭の1勝+防御力が見えるタイプor武将数に差があるタイプの1勝
- 武将数が近ければ、精鋭を配置すれば勝てる確率は高い

周瑜

銭活用指南

合戦で奪われる前に、銭はどんどん使うべし

　銭は合戦で負けると奪われるので、ためておかずにできるだけアイテムを購入しよう。レベルが低いうちは美酒を買い、収入が増えてきたら強化用の指南書や装備を買っていくといいだろう。

- 領地からの収入は毎朝6時に納められます。クリックしないと受け取れませんよ
- 覚醒させたい武将用の指南書を優先して買いましょう
- 行動部隊数が増えると、部隊回復アイテムの効率が上がります

荀彧

交流指南

部隊回復を待つ間に、戦友申請、礼をすべし

　戦友は現在持てる最大数を維持するのが理想だ。礼も毎日こまめに行い、部隊回復や気力回復に使っていきたい。戦友申請の返事がない場合は、早めにあきらめて、別の戦友を探そう。援軍や指南書の交換も非常に有効だ。

- 申請相手から返事がない場合は、次の申請を
- 勇猛、知略、仁徳の全タイプの戦友を作ろ！
- 礼をしっかりすれば、1日3回まで行動回復できるよ
- 援軍を派遣しても自分の戦力は低下しないよ

黄小玉

地方統一指南

都市を多く占領した状態での放置は避けるべし

　地方を統一するためには、途中段階でほかの君主に都市を奪われないことが大切だ。統一まで残り1〜2都市になったら、レベルアップやアイテムによる部隊回復を利用し、連続で合戦をしかけ、一気に統一したい。

- 君主の動きが活発な朝の通勤、通学タイムなどは、都市を奪われやすい
- 攻撃部隊はレベルアップや「部隊回復の書」で回復
- 交流ポイントを使って行動部隊を回復し、レベルアップを早めるのも有効

曹操

実践攻略の計

COLUMN

連合戦
ここでは新たに実装された連合について紹介しよう！

連合戦って？

ほかの君主と連合し、より大きな敵を倒せ！

連合戦とは、2011年3月から追加された新たなイベント。ほかのプレイヤーと共同で合戦を行い、強力な敵を倒す。連合戦独自の報酬もあり、新しい楽しみを提供してくれるものだ。

反董卓連合戦

君主たちがしのぎを削る中原に、董卓軍が大挙、出現した！
君主たちよ、反董卓連合を組み、董卓軍に合戦を挑め！

あなたは反董卓連合第18陣に組み込まれました！

連合情報

連合名：反董卓連合第18陣
連合順位：未集計
連合全員の連合P：0
連合P20000で4ヶ月出現！

連合戦を選ぶと、自動で組まれる反董卓連合の一員となる。同じ連合の仲間と協力して、強大な敵に立ち向かおう。

連合戦の流れ

❶ 連合を組む
❷ 連合戦専用の合戦をする
❸ 連合ポイントを稼ぐ
❹ ボス撃破でポイント獲得
❺ 連合報酬を貰う

---

❶ 連合戦に参加すると、自動で20人前後の連合が組まれる。同じ連合の君主とは、戦友と同じように援軍を送りあえる

❷ 連合戦専用の合戦を実行する。また、計略アイテムは連合専用のものしか使えない

❸ 合戦勝利や地方統一で連合ポイントを獲得

❹ 連合ポイントが一定に達すると連合ボスが登場。倒すとポイント獲得

❺ 稼いだ連合ポイントを報酬に変えることができる。イベント終了時には順位報酬も

河南都を統一しました！！

[1]洛陽　[2]汜水関　[3]官渡

保有都市：3/3

董卓軍が出現した地方を攻め、都市を奪い返そう。合戦に勝利して地方を統一すれば、次の地方へ向かえる。

連合報酬のここがすごい！

● レアな武将を獲得することができる！

● 通常、銭では入手できない、「名将の心得」や「部隊回復の書」といったアイテムを入手できる！

クエスト＆エピソード編

地方の攻略順について

ここではクエストや合戦の地方についての情報を捕捉する。

クエストの地方クリアと合戦の地方統一は別物

クエストではボス戦をクリアすると、その地方はクリア。次の地方へと移動する。地方は下記にある通りで順番も決まっている。また、合戦で獲得していく地方の順番もクエストと同じ。クエスト中に合戦対象となっている地方の都市を獲得することがあるが、これはクエスト地方の1つ先の地方までだ（クエストが27南都なら28長沙郡の合戦まで）。

地方の攻略順

－	楼桑村	⑲	北海国 (ホッカイ)	㊳	廬江郡 (ロコウ)
①	河南郡 (カナン)	⑳	晋陽郡 (シンヨウ)	㊴	建寧郡 (ケンネイ)
②	弘農郡 (コウノウ)	㉑	代郡 (ダイ)	㊵	雲南郡 (ウンナン)
③	河東郡 (カトウ)	㉒	北平郡 (ホクヘイ)	㊶	天水郡 (テンスイ)
④	京兆郡 (ケイチョウ)	㉓	新野郡 (シンヤ)	㊷	西平郡 (セイヘイ)
⑤	陳留郡 (チンリュウ)	㉔	江夏郡 (コウカ)	㊸	扶風郡 (フフウ)
⑥	沛国 (ハイ)	㉕	予章郡 (ヨショウ)	㊹	魏郡 (ギ)
⑦	山陽郡 (サンヨウ)	㉖	南都 (ナン)	㊺	丹陽郡 (タンヨウ)
⑧	琅邪国 (ロウヤ)	㉗	長沙郡 (チョウサ)	㊻	武都郡 (ブト)
⑨	ショウ郡 (ショウ)	㉘	淮陰郡 (ワイイン)	㊼	武威郡 (ブイ)
⑩	穎川郡 (エイセン)	㉙	馮翊郡 (ヒョウヨク)	㊽	常山郡 (ジョウザン)
⑪	南陽郡 (ナンヨウ)	㉚	新城郡 (シンジョウ)	㊾	呉郡 (ゴ)
⑫	汝南郡 (ジョナン)	㉛	巴東郡 (ハトウ)	㊿	蜀郡 (ショク)
⑬	彭城国 (ホウジョウ)	㉜	巴西郡 (ハセイ)	51	渤海郡 (ボッカイ)
⑭	下ヒ郡 (カヒ)	㉝	淮南郡 (ワイナン)	52	交趾郡 (コウシ)
⑮	東郡 (トウ)	㉞	梓潼郡 (シドウ)	53	会稽郡 (カイケイ)
⑯	済南国 (サイナン)	㉟	漢中郡 (カンチュウ)	54	永昌郡 (エイショウ)
⑰	河内郡 (カダイ)	㊱	襄陽郡 (ジョウヨウ)	55	遼東郡 (リョウトウ)
⑱	上党郡 (ジョウトウ)	㊲	武陵郡 (ブリョウ)		

※楼桑村は入門編でクリアする地方です

収入について

1日に得られる収入は合戦で統一した地方の数によって決まり、1つの地方を統一するごとに収入は＋200される。

クエストデータ

クエストとそのボス戦のデータを一挙紹介！

クエストデータの見方

①	②	③	④	⑤	⑥
河南郡	兵糧の輸送	実	ー	行 1	経 1	銭 7
	武器の輸送	実	ー	行 1	経 1	銭 8
	輸送隊を襲う山賊	実	劉備	行 2	経 3	銭 33
	ボス▶山賊頭	実	劉備	ア ー	武 盧植

⑦ ⑧ ⑨ ⑩

❶	地方名	そのクエストやボスが登場する地方
❷	クエスト名	そのクエストの名前
❸	実行武将	そのクエストを実行する武将。いない場合は「ー」と表記
❹	必要行動部隊数	そのクエストを1回実行するのに必要な行動部隊数
❺	経験値	獲得できる経験値
❻	獲得銭	獲得できる銭
❼	ボス名	その地域に登場するボス
❽	実行武将	そのボスと対決する武将
❾	獲得アイテム	ボスを倒したときに獲得できるアイテム。ない場合は「ー」と表記
❿	獲得武将	ボスを倒したときに獲得できる武将（すでに所持している場合はその武将の指南書）

エリアマップ

※マップ上の数字は、p18の攻略順の数字に対応しています。

地方の攻略順について／クエストデータ

クエストデータ

地域	クエスト	実		行		経		銭	
楼桑村	民を脅かす山賊を倒せ	実	—	行	1	経	1	銭	10
	ボス▶山賊頭	実	劉備	ア	—		武	皇甫嵩
河南郡	兵糧の輸送	実	—	行	1	経	1	銭	7
	武器の輸送	実	—	行	1	経	1	銭	8
	輸送隊を襲う山賊	実	劉備	行	2	経	3	銭	33
	ボス▶山賊頭	実	劉備	ア	—		武	盧植
弘農郡	弘農王の護衛	実	—	行	1	経	1	銭	10
	函谷関を守れ	実	—	行	2	経	3	銭	10
	白波賊、襲来！	実	盧植	行	3	経	5	銭	51
	ボス▶李楽	実	盧植	ア	—		武	黄蓋
河東郡	皇帝の塩田	実	—	行	2	経	2	銭	14
	横流しされた塩	実	黄蓋	行	3	経	4	銭	54
	ボス▶胡才	実	黄蓋	ア	—		武	曹洪
京兆郡	長安の城壁修復	実	—	行	2	経	2	銭	22
	おごる董卓軍	実	曹洪	行	3	経	4	銭	58
	ボス▶張済	実	曹洪	ア	—		武	王允
陳留郡	陳留守備軍を援護せよ	実	—	行	2	経	4	銭	10
	曹操軍と合流せよ	実	曹洪	行	3	経	5	銭	48
	豪族・李乾を救え	実	劉備	行	4	経	8	銭	48
	ボス▶薛蘭	実	劉備	ア	—		武	満寵
沛国	曹嵩護衛	実	曹洪	行	5	経	6	銭	77
	張ガイ撃退	実	曹洪	行	6	経	9	銭	72
	ボス▶張ガイ	実	曹洪	ア	—		武	曹休
山陽郡	泰山の精兵	実	曹休	行	4	経	5	銭	63
	障害物を取り除け	実	満寵	行	4	経	5	銭	65
	精兵を傷つけるな	実	満寵	行	5	経	8	銭	72
	ボス▶李封	実	満寵	ア	—		武	于禁
琅邪国	堤防を修復せよ	実	—	行	4	経	6	銭	36
	泰山賊の砦を攻めろ	実	于禁	行	5	経	8	銭	70
	泰山賊・呉敦を迎え撃て	実	于禁	行	5	経	8	銭	74
	ボス▶呉敦	実	于禁	ア	—		武	典韋
ショウ郡	イゴに苦しむ民	実	盧植	行	5	経	8	銭	80
	黄巾残党、来襲！	実	典韋	行	6	経	10	銭	70
	何儀を逃すな	実	典韋	行	7	経	9	銭	85
	ボス▶許チョ	実	典韋	ア	—		武	許チョ

クエストデータ

郡	クエスト名	実	武将	行	行動	経	経験	銭	銭
潁川郡	許昌に屯田を開け	実	―	行	5	経	6	銭	70
	許昌の城門を整備せよ	実	―	行	6	経	7	銭	83
	黄巾残党、再び！	実	許チョ	行	7	経	9	銭	119
	黄邵を討て	実	許チョ	行	7	経	10	銭	110
	ボス▶黄邵	実	許チョ	ア	―			武	荀攸
南陽郡	張済の侵入を阻め	実	典韋	行	7	経	16	銭	54
	賊から婦人を守れ	実	典韋	行	7	経	15	銭	62
	婦人の正体	実	典韋	行	8	経	17	銭	68
	ボス▶胡車児	実	典韋	ア	―			武	カン沢
汝南郡	黄巾の拠点を突け	実	許チョ	行	8	経	9	銭	124
	望梅止渇	実	荀攸	行	8	経	9	銭	144
	截天夜叉を討て	実	曹洪	行	8	経	11	銭	111
	ボス▶截天夜叉	実	曹洪	ア	―			武	李通
彭城国	泰山賊、南下す	実	曹休	行	7	経	16	銭	55
	蘭陵、危うし	実	于禁	行	8	経	17	銭	66
	先駆けの孫観	実	于禁	行	9	経	21	銭	58
	ボス▶孫観	実	許チョ	ア	―			武	張昭
下ヒ郡	泰山賊の砦、攻略！	実	曹休	行	9	経	13	銭	65
	小頭目・尹礼を退けよ	実	曹休	行	9	経	12	銭	71
	大頭目を追いつめろ	実	許チョ	行	9	経	12	銭	74
	ボス▶臧覇	実	許チョ	ア	―			武	臧覇
東郡	白馬の渡しを解放せよ	実	黄蓋	行	9	経	18	銭	98
	延津の商船を守れ	実	韓当	行	9	経	19	銭	88
	白波谷、奇襲！	実	程普	行	9	経	21	銭	53
	ボス▶韓遂	実	程普	ア	―			武	楊修
済南国	関定の屋敷へ向かえ	実	劉備	行	9	経	15	銭	103
	盗まれた名馬	実	廖化	行	10	経	13	銭	127
	潜入、臥牛山！	実	廖化	行	11	経	18	銭	89
	ボス▶周倉	実	劉備	ア	―			武	関平
河内郡	張楊を牽制せよ	実	曹洪	行	11	経	15	銭	107
	張楊を討った楊醜を追え	実	臧覇	行	11	経	18	銭	100
	楊醜を討ったスイ固を討て	実	于禁	行	11	経	16	銭	114
	ボス▶スイ固	実	于禁	ア	―			武	曹純
上党郡	高幹、挙兵す	実	李典	行	11	経	26	銭	62
	戦慄、黒山賊！	実	楽進	行	12	経	29	銭	63
	挟撃の危機を脱せ	実	李典	行	12	経	27	銭	59
	ボス▶張燕	実	楽進	ア	―			武	曹丕

地方	クエスト				経験値		銭	
北海国	荒れる北海	実	曹純	行	11	経	15	銭 185
	海賊・管承、討伐！	実	臧覇	行	12	経	16	銭 198
	袁譚の真意を探れ	実	荀攸	行	12	経	15	銭 185
	姑息な袁譚を討て	実	曹洪	行	13	経	15	銭 211
	ボス▶袁譚	実	曹丕	ア	—		武	沮授
晋陽郡	黒山賊、急襲！	実	曹純	行	12	経	29	銭 61
	飛燕を落とせ	実	楽進	行	12	経	28	銭 66
	関を出た高幹	実	李典	行	13	経	31	銭 59
	高幹を追討せよ	実	李典	行	13	経	30	銭 60
	ボス▶高幹	実	李典	ア	—		武	周倉
代郡	黒山賊を逃すな	実	曹純	行	13	経	22	銭 118
	楼桑村の決死隊	実	劉備	行	14	経	25	銭 116
	黒山賊、最後の戦い	実	楽進	行	15	経	28	銭 110
	ボス▶張燕	実	楽進	ア	—		武	曹植
北平郡	鄒靖を援護せよ	実	劉備	行	13	経	18	銭 90
	田疇を捜せ	実	満寵	行	14	経	22	銭 81
	蔡エンを連れ戻せ	実	曹植	行	14	経	25	銭 110
	ボス▶匈奴族長	実	曹植	ア	—		武	蔡エン
新野郡	伏龍を探せ	実	劉備	行	14	経	24	銭 113
	再び伏龍を求めて	実	劉備	行	15	経	25	銭 120
	三顧の礼	実	劉備	行	16	経	25	銭 124
	蔡瑁の罠	実	簡雍	行	14	経	29	銭 101
	壇渓を跳べ	実	簡雍	行	15	経	26	銭 131
	ボス▶蔡瑁	実	劉備	ア	—		武	劉封
江夏郡	張虎の反乱鎮圧	実	劉封	行	15	経	24	銭 201
	陳生の反乱鎮圧	実	関平	行	16	経	25	銭 211
	劉キ、危うし！	実	廖化	行	16	経	23	銭 258
	劉表の後継者争い	実	糜竺	行	17	経	24	銭 272
	伊籍を救え	実	劉備	行	17	経	27	銭 271
	劉キの任地替え	実	劉備	行	18	経	27	銭 276
	ボス▶蔡瑁	実	劉備	ア	—		武	伊籍

100万人の三國志 軍師と問答 達成済みクエストも実行可能？

司馬懿: 実行しても問題ない。経験値や銭稼ぎに活用してもよいだろう。

達成済みクエストを実行しても、経験値や銭、武将や指南書を達成前と同様に獲得できる。地方をまたいだ過去のクエストも実行可能なので、獲得していない武将や都市をねらって試してみるのもいいだろう。

クエストデータ

予章郡

クエスト名								
八陽湖の孫権水軍	実	程普	行	16	経	35	銭	88
山越族、来襲！	実	程普	行	16	経	41	銭	60
孫権、危うし！	実	黄蓋	行	17	経	44	銭	63
当代一の名医	実	黄蓋	行	17	経	42	銭	69
山越族をあおる者	実	韓当	行	18	経	47	銭	60
ボス▶厳白虎	実	韓当	ア	—	武		董襲	

南郡

華容道を修復せよ	実	周倉	行	17	経	23	銭	290
葫蘆谷の橋を修復せよ	実	周倉	行	18	経	22	銭	320
麦城を修復せよ	実	関平	行	19	経	20	銭	348
ボス▶沙摩柯	実	関平	ア	—	武		馬良	

長沙郡

鞏志と結べ	実	伊籍	行	17	経	42	銭	90
金旋討伐	実	廖化	行	18	経	49	銭	54
鮑隆と陳応の企み	実	馬良	行	18	経	45	銭	73
樊氏の身柄を守れ	実	廖化	行	18	経	47	銭	93
荒武者・ケイ道栄	実	関平	行	18	経	50	銭	50
裏切りのケイ道栄	実	劉封	行	19	経	47	銭	74
ボス▶ケイ道栄	実	劉封	ア	—	武		樊氏	

淮陰郡

屯田整備	実	張昭	行	18	経	30	銭	226
学校を作れ	実	諸葛瑾	行	19	経	37	銭	168
陳蘭の反乱を鎮圧せよ	実	于禁	行	19	経	39	銭	104
漁村を荒らす陳蘭を討て	実	李典	行	19	経	38	銭	170
陳蘭の相棒・雷薄	実	楽進	行	20	経	40	銭	102
雷薄	実	楽進	ア	—	武		陳武	

馮翊郡

暗雲漂う西域	実	馬良	行	19	経	36	銭	151
仕組まれた仇敵	実	劉備	行	19	経	37	銭	139
馬岱を援護せよ	実	劉封	行	20	経	39	銭	173
馬騰父子を救い出せ	実	劉備	行	20	経	41	銭	106
ボス▶賈ク	実	劉備	ア	—	武		馬岱	

新城郡

錫鉱山の落盤事故	実	周倉	行	19	経	38	銭	124
太守の誤解を解け	実	馬良	行	19	経	36	銭	90
鉱山爆破の犯人を捜せ	実	馬良	行	20	経	38	銭	97
上庸城を救え	実	劉封	行	21	経	42	銭	130
五斗米道軍を奇襲せよ	実	劉封	行	21	経	43	銭	77
ボス▶楊柏	実	劉封	ア	—	武		孟達	

巴東郡

江州城を拡張せよ	実	孟達	行	22	経	42	銭	108
長江の水で水路を潤せ	実	孟達	行	22	経	39	銭	152
五渓蛮、再来！	実	馬良	行	23	経	48	銭	79
ボス▶沙摩柯	実	馬良	ア	—	武		李厳	

郡	任務	種別	武将	種	経験値	種	銭
巴西郡	塩田を修復せよ	実	李厳	行	22	経	52	銭	107
	蚕を取り戻せ	実	李厳	行	23	経	54	銭	112
	俺たち錦帆賊	実	董襲	行	23	経	61	銭	80
	ボス▶錦帆首領	実	董襲	ア	—	武	李恢
淮南郡	淮河の堤防を修復せよ	実	諸葛瑾	行	21	経	50	銭	116
	避難民に兵糧を配れ	実	カン沢	行	22	経	57	銭	110
	梅成、現る	実	楽進	行	22	経	59	銭	77
	合肥の城壁を補修せよ	実	張昭	行	22	経	50	銭	177
	合肥新城を築け	実	諸葛瑾	行	22	経	49	銭	165
	梅成、再び	実	李典	行	23	経	62	銭	69
	ボス▶梅成	実	李典	ア	—	武	潘璋
梓潼郡	葭萌関を守れ	実	孟達	行	22	経	58	銭	92
	向存、来援	実	孟達	行	22	経	60	銭	68
	霍峻、突撃す	実	李厳	行	24	経	66	銭	61
	遅きに失した五斗米道	実	李厳	行	24	経	65	銭	65
	ボス▶楊柏	実	李厳	ア	—	武	張苞
漢中郡	陽平関、偵察！	実	満寵	行	22	経	32	銭	374
	濃霧の遭遇戦	実	曹休	行	22	経	37	銭	302
	陽平関奪取作戦	実	曹休	行	24	経	34	銭	403
	楊任の逆襲	実	曹洪	行	24	経	40	銭	334
	総帥・張魯、出陣す	実	曹洪	行	25	経	42	銭	341
	米蔵を押さえよ	実	臧覇	行	26	経	30	銭	459
	楊松を寝返らせよ	実	糜竺	行	26	経	38	銭	436
	五斗米道の終焉	実	許チョ	行	26	経	46	銭	344
	ボス▶張魯	実	許チョ	ア	—	武	関興
襄陽郡	胡家荘を救え	実	廖化	行	23	経	42	銭	198
	許抜山の挑戦	実	張苞	行	24	経	45	銭	129
	趙拿雲の挑戦	実	関興	行	25	経	46	銭	135
	二頭目を生け捕れ	実	張苞	行	25	経	47	銭	132
	宋金剛を追え	実	関興	行	26	経	40	銭	248
	ボス▶関索	実	関興	ア	—	武	関索
武陵郡	鎧士を捜せ	実	関索	行	25	経	41	銭	161
	鮑家荘の看板	実	関索	行	25	経	50	銭	98
	鮑三娘の父、登場	実	関索	行	26	経	53	銭	79
	鮑三娘の兄、登場	実	関索	行	26	経	54	銭	77
	もう1人の兄、登場	実	関索	行	27	経	58	銭	72
	鮑三娘、推参！	実	関索	行	27	経	55	銭	124
	ボス▶鮑三娘	実	関索	ア	—	武	鮑三娘

クエストデータ

廬江郡

玉璽の行方	実	カン沢	行	26	経	67	銭	88
廬江太守を援護せよ	実	潘璋	行	26	経	68	銭	90
劉勲を追え	実	潘璋	行	27	経	71	銭	92
急襲、西塞山！	実	陳武	行	28	経	78	銭	68
ボス▶劉勲	実	陳武	ア	—	武	朱桓		

建寧郡

越スイ太守の反乱	実	李厳	行	26	経	65	銭	108
朱提太守の反乱	実	李厳	行	26	経	63	銭	110
高定の猛将・鄂煥	実	馬岱	行	27	経	66	銭	112
鄂煥を罠にはめろ	実	馬岱	行	27	経	67	銭	115
ボス▶鄂煥	実	馬岱	ア	—	武	馬謖		

雲南郡

黒幕は雍ガイ	実	馬謖	行	27	経	66	銭	113
雍ガイと朱褒は許さず	実	馬謖	行	28	経	62	銭	177
朱褒を急襲せよ	実	馬謖	行	28	経	63	銭	115
高定と共に雍ガイを討て	実	馬謖	行	28	経	64	銭	118
ボス▶雍ガイ	実	馬謖	ア	—	武	劉禅		

天水郡

北の3太守反乱	実	馬岱	行	27	経	64	銭	164
南安城を包囲せよ	実	関興	行	27	経	68	銭	122
安定太守を捕らえよ	実	張苞	行	27	経	64	銭	170
偽りの内通を見抜け	実	張苞	行	28	経	67	銭	173
城主不在の城を落とせ	実	関興	行	28	経	51	銭	120
天水の麒麟児・姜維	実	馬謖	行	29	経	71	銭	176
ボス▶姜維	実	馬謖	ア	—	武	姜維		

西平郡

馬遵、西羌へ	実	姜維	行	28	経	73	銭	97
長男・韓栄、登場	実	馬岱	行	27	経	73	銭	58
大刀使いの次男・韓瑤	実	関興	行	28	経	75	銭	65
方天戟の三男、双刀の四男	実	張苞	行	29	経	77	銭	60
大斧の勇者、韓徳	実	姜維	行	30	経	80	銭	63
ボス▶韓徳	実	姜維	ア	—	武	王異		

扶風郡

鉄車兵を迎え撃て	実	張苞	行	27	経	62	銭	77
雪原に落とし穴を掘れ	実	馬岱	行	28	経	56	銭	155
越吉元帥を罠にはめろ	実	関興	行	29	経	59	銭	153
雅丹丞相の軍を包囲せよ	実	張苞	行	30	経	70	銭	79
西羌族の王を倒せ	実	関興	行	30	経	72	銭	81
ボス▶西羌大王	実	関興	ア	—	武	曹真		

魏郡

鮮卑族の上納品	実	馬岱	行	28	経	54	銭	226
鮮卑族の内紛を鎮めよ	実	姜維	行	29	経	69	銭	177
勉強熱心な軻比能	実	廖化	行	30	経	75	銭	216
電光石火の軻比能	実	関興	行	30	経	72	銭	184
鮮卑族、相討つ	実	張苞	行	30	経	80	銭	106
ボス▶軻比能	実	張苞	ア	—	武	カン丘倹		

丹陽郡	新たな教えの広まり	実	カン沢	行	30	経	48	銭	395
	石頭に城を築け	実	張昭	行	30	経	45	銭	522
	資材の輸送路を守れ	実	諸葛瑾	行	31	経	47	銭	531
	盗まれた資材を追え	実	潘璋	行	30	経	45	銭	515
	背徳の怪僧・サク融	実	潘璋	行	31	経	57	銭	406
	ボス▶サク融	実	潘璋	ア	—	武	諸葛誕		

武都郡	伝説皇帝の生地	実	李恢	行	30	経	81	銭	101
	神威を畏れぬ阿貴	実	馬岱	行	31	経	88	銭	70
	千万の援軍、現る	実	李厳	行	30	経	82	銭	68
	テイ族も敬う伝説皇帝	実	簡雍	行	31	経	83	銭	96
	怒りの酋長、来襲!	実	李厳	行	32	経	90	銭	74
	ボス▶強端	実	李厳	ア	—	武	トウ忠		

武威郡	韓遂、あくまで屈さず	実	姜維	行	31	経	89	銭	72
	閻行を寝返らせよ	実	馬良	行	30	経	82	銭	94
	成公英の遊撃部隊	実	姜維	行	31	経	84	銭	93
	馬超の妻子を救え	実	馬岱	行	32	経	91	銭	161
	韓遂、最後の叛旗	実	馬岱	行	33	経	94	銭	75
	ボス▶韓遂	実	馬岱	ア	—	武	馬雲リョク		

常山郡	曹彰、挙兵す	実	カン丘倹	行	31	経	76	銭	206
	鮮卑軍を急襲せよ	実	馬雲リョク	行	32	経	88	銭	122
	烏丸校尉・田予、来援す	実	馬岱	行	32	経	78	銭	189
	鮮卑軍の略奪を阻止せよ	実	馬雲リョク	行	32	経	84	銭	264
	邯鄲への道をふさげ	実	馬岱	行	33	経	80	銭	194
	黄鬚児、ここにあり	実	劉封	行	33	経	92	銭	118
	ボス▶曹彰	実	劉封	ア	—	武	曹彰		

呉郡	日照りで苦しむ人々	実	諸葛瑾	行	32	経	64	銭	294
	徳王に貢ぎ物を	実	カン沢	行	32	経	78	銭	195
	于吉仙人の祈り	実	カン沢	行	32	経	79	銭	201
	于吉仙人、捕らわる	実	陳武	行	33	経	93	銭	114
	厳白虎自慢の弟	実	潘璋	行	33	経	94	銭	102
	1人逃げ去る徳王	実	董襲	行	32	経	79	銭	201
	ボス▶厳白虎	実	董襲	ア	—	武	賀斉		

丹陽郡	忽然と消えた兵糧	実	李厳	行	32	経	42	銭	482
	怪しい老人を追え	実	李恢	行	33	経	45	銭	432
	監禁された左慈を見張れ	実	糜芳	行	33	経	52	銭	416
	500人の左慈を捕らえよ	実	廖化	行	34	経	68	銭	345
	峨眉山の左慈を追いつめろ	実	鮑三娘	行	34	経	72	銭	335
	ボス▶左慈	実	鮑三娘	ア	—	武	黄月英		

クエストデータ

渤海郡

クエスト名	種別	武将	種	行動	経験値	銭
烏丸校尉・田予、危うし	実	曹彰	行	33	経 82	銭 124
万里の長城を補修せよ	実	姜維	行	34	経 67	銭 211
決戦、万里の長城	実	姜維	行	34	経 96	銭 77
鮮卑の結束を乱せ	実	馬謖	行	34	経 85	銭 117
怒りの歩度根、来援す	実	鮑三娘	行	33	経 93	銭 99
軻比能、最後の突撃	実	曹彰	行	33	経 91	銭 166
ボス▶軻比能	実	曹彰	ア	—	武	成公英

交趾郡

クエスト名	種別	武将	種	行動	経験値	銭
士燮、平和を尊ぶ	実	諸葛瑾	行	35	経 71	銭 355
呉巨、ことを荒立てる	実	程普	行	35	経 101	銭 127
頼恭を追放せよ	実	韓当	行	36	経 96	銭 215
荒ぶる士徽	実	黄蓋	行	35	経 92	銭 214
交州にたなびく叛旗	実	賀斉	行	35	経 93	銭 208
受け継がれる無双の武	実	馬雲リョク	行	35	経 97	銭 288
ボス▶呂玲綺	実	馬雲リョク	ア	—	武	呂玲綺

会稽郡

クエスト名	種別	武将	種	行動	経験値	銭
追跡、厳白虎！	実	賀斉	行	36	経 96	銭 221
縄張りを突破せよ	実	賀斉	行	37	経 98	銭 223
密林の猛襲	実	賀斉	行	35	経 100	銭 104
急な停戦交渉	実	諸葛瑾	行	35	経 94	銭 213
ちぐはぐな攻撃	実	賀斉	行	36	経 97	銭 220
誉れを汚した策謀	実	諸葛瑾	行	36	経 98	銭 214
ボス▶諸葛恪	実	諸葛瑾	ア	—	武	諸葛恪

永昌郡

クエスト名	種別	武将	種	行動	経験値	銭
水神のたたり	実	李厳	行	36	経 72	銭 255
49の生首	実	李厳	行	35	経 98	銭 102
南蛮博士・呂凱	実	馬謖	行	36	経 102	銭 105
饅頭作戦	実	馬謖	行	36	経 104	銭 146
火神の末裔、饅頭を好まず	実	関索	行	37	経 104	銭 100
ボス▶花鬘	実	関索	ア	—	武	花鬘

遼東郡

クエスト名	種別	武将	種	行動	経験値	銭
燕王、挙つ	実	満寵	行	37	経 104	銭 130
遼東郡に急行せよ	実	呂玲綺	行	38	経 102	銭 244
襄平城を水攻めにせよ	実	馬謖	行	38	経 105	銭 127
司馬師の急襲をかわせ	実	曹彰	行	39	経 109	銭 144
司馬昭の包囲網を破れ	実	姜維	行	39	経 110	銭 130
混元一気陣を破れ	実	諸葛亮	行	40	経 112	銭 130
ボス▶司馬懿	実	諸葛亮	ア	—	武	司馬懿

クエスト・ランダム獲得武将

ここではクエスト実行時に獲得可能な武将の一覧をまとめた。

ランダム獲得武将データの見方

| 河南郡❶ | 皇甫嵩 | 朱儁 | 糜竺 | 程普 | 韓当❷ | 簡雍 | 朱霊 | 曹豹 |

❶ 地方名	獲得可能な地方
❷ 獲得武将	クエスト実行時に獲得の可能性がある武将。左が一番獲得の確率が高く、右にいくにつれて獲得しにくくなる

ランダム獲得武将データ

獲得可能な地方	獲得武将							
河南郡	皇甫嵩	朱儁	糜竺	程普	韓当	簡雍	朱霊	曹豹
弘農郡	朱儁	糜竺	程普	韓当	簡雍	朱霊	曹豹	廖化
河東郡	糜竺	程普	韓当	簡雍	朱霊	曹豹	廖化	盧植
京兆郡	程普	韓当	簡雍	朱霊	曹豹	廖化	盧植	黄蓋
陳留郡	韓当	簡雍	朱霊	曹豹	廖化	盧植	黄蓋	曹洪
沛国	簡雍	朱霊	曹豹	廖化	盧植	黄蓋	曹洪	王允
山陽郡	朱霊	曹豹	廖化	盧植	黄蓋	曹洪	王允	満寵
琅邪国	曹豹	廖化	盧植	黄蓋	曹洪	王允	満寵	曹休
ショウ郡	廖化	盧植	黄蓋	曹洪	王允	満寵	曹休	諸葛瑾
穎川郡	盧植	黄蓋	曹洪	王允	満寵	曹休	諸葛瑾	于禁
南陽郡	黄蓋	曹洪	王允	満寵	曹休	諸葛瑾	于禁	楽進
汝南郡	曹洪	王允	満寵	曹休	諸葛瑾	于禁	楽進	李典
彭城国	王允	満寵	曹休	諸葛瑾	于禁	楽進	李典	蒋幹
下ヒ郡	満寵	曹休	諸葛瑾	于禁	楽進	李典	蒋幹	典韋
東郡	韓当	程普	于禁	楽進	李典	蒋幹	典韋	許チョ
済南国	廖化	于禁	楽進	李典	蒋幹	典韋	許チョ	華ｷﾝ
河内郡	于禁	楽進	李典	蒋幹	典韋	許チョ	華ｷﾝ	虞翻
上党郡	楽進	李典	蒋幹	典韋	許チョ	華ｷﾝ	虞翻	李通
北海国	李典	蒋幹	典韋	許チョ	華ｷﾝ	虞翻	李通	糜芳
晋陽郡	蒋幹	典韋	許チョ	華ｷﾝ	虞翻	李通	糜芳	張昭

クエスト・ランダム獲得武将

獲得可能な地方	獲得武将							
代郡	典韋	許チョ	華キン	虞翻	李通	糜芳	張昭	臧覇
北平郡	許チョ	華キン	虞翻	李通	糜芳	張昭	臧覇	楊修
新野郡	華キン	虞翻	簡雍	糜芳	張昭	臧覇	楊修	関平
江夏郡	虞翻	糜竺	糜芳	張昭	臧覇	楊修	関平	孫翊
予章郡	李通	糜芳	張昭	臧覇	楊修	関平	孫翊	曹純
南郡	糜芳	張昭	臧覇	楊修	関平	孫翊	曹純	曹丕
長沙郡	張昭	臧覇	楊修	関平	孫翊	曹純	曹丕	夏侯尚
淮陰郡	諸葛瑾	楊修	関平	孫翊	曹純	曹丕	夏侯尚	周倉
馮翊郡	楊修	関平	孫翊	曹純	曹丕	夏侯尚	周倉	曹植
新城郡	関平	孫翊	曹純	曹丕	夏侯尚	周倉	曹植	丁奉
巴東郡	孫翊	曹純	曹丕	夏侯尚	周倉	曹植	丁奉	蔡エン
巴西郡	曹純	曹丕	夏侯尚	周倉	曹植	丁奉	蔡エン	牛金
淮南郡	曹丕	夏侯尚	周倉	曹植	丁奉	蔡エン	牛金	劉封
梓潼郡	夏侯尚	周倉	曹植	丁奉	蔡エン	牛金	劉封	伊籍
漢中郡	周倉	曹植	丁奉	蔡エン	牛金	劉封	伊籍	董襲
襄陽郡	曹植	丁奉	蔡エン	牛金	劉封	伊籍	董襲	歩隲
武陵郡	丁奉	蔡エン	牛金	劉封	伊籍	董襲	歩隲	樊氏
廬江郡	蔡エン	牛金	劉封	伊籍	董襲	歩隲	樊氏	陳武
建寧郡	牛金	劉封	伊籍	董襲	歩隲	樊氏	陳武	馬岱
雲南郡	劉封	伊籍	董襲	歩隲	樊氏	陳武	馬岱	杜畿
天水郡	伊籍	董襲	歩隲	樊氏	陳武	馬岱	杜畿	孟達
西平郡	董襲	歩隲	樊氏	陳武	馬岱	杜畿	孟達	李恢
扶風郡	歩隲	樊氏	陳武	馬岱	杜畿	孟達	李恢	潘璋
魏郡	樊氏	陳武	馬岱	杜畿	孟達	李恢	潘璋	顧雍
丹陽郡	陳武	馬岱	杜畿	孟達	李恢	潘璋	顧雍	関索
武都郡	馬岱	杜畿	孟達	李恢	潘璋	顧雍	関索	鮑三娘
武威郡	杜畿	孟達	李恢	潘璋	顧雍	関索	鮑三娘	鄂煥
常山郡	孟達	李恢	潘璋	顧雍	関索	鮑三娘	鄂煥	劉禅
呉郡	李恢	潘璋	顧雍	関索	鮑三娘	鄂煥	劉禅	王異
蜀郡	糜芳	顧雍	関索	鮑三娘	鄂煥	劉禅	王異	曹真
渤海郡	顧雍	関索	鮑三娘	鄂煥	劉禅	王異	曹真	カン丘倹
交趾郡	関索	鮑三娘	鄂煥	劉禅	王異	曹真	カン丘倹	諸葛誕
会稽郡	鮑三娘	鄂煥	劉禅	王異	曹真	カン丘倹	諸葛誕	田予
永昌郡	鄂煥	劉禅	王異	曹真	カン丘倹	諸葛誕	田予	トウ忠
遼東郡	劉禅	王異	曹真	カン丘倹	諸葛誕	田予	トウ忠	諸葛亮

武将能力ランキング

武将覚醒後の能力ランキングを掲載。育成の参考にしよう。

強化回数を考えたランキング

ここでは武将の攻撃・防御のランキングを掲載。ただし、初期値ではなく、強化回数の違いをふまえ、1回覚醒させた場合の基準値で計算した。覚醒後の基準値は「初期値＋強化回数×10」とし、覚醒時に上がる数値はランダム幅があるので考慮しないものとする。基準値が同じ場合は、覚醒時の攻撃＋防御の総合値が高い武将を上位としている。

攻撃ランキング

1位 董卓 将軍 覚醒基準値 138

2位 諸葛亮 知将 覚醒基準値 136

3位 周瑜 知将 覚醒基準値 131

順位	名前	タイプ	覚醒基準値
4	司馬懿	知将	130
4	曹操	将軍	130
6	賈詡	知将	128
7	孫策	将軍	126
8	張飛	猛将	125
9	関羽	将軍	124
9	郭嘉	知将	124

防御ランキング

1位 諸葛亮 知将 覚醒基準値 140

2位 司馬懿 知将 覚醒基準値 133

3位 周瑜 知将 覚醒基準値 131

順位	名前	タイプ	覚醒基準値
4	曹操	将軍	130
5	張遼	猛将	126
6	陸遜	知将	125
7	趙雲	猛将	123
7	荀彧	知将	123
9	関羽	将軍	120
10	孫策	将軍	119

エピソードデータ

エピソード、ボス戦のデータをまとめたので参考にしてほしい。

エピソードデータの見方

襄陽の戦い

蔡瑁の待ち伏せ	実	黄蓋	行	3	経	7	銭	74	
江夏城夜襲	実	黄蓋	行	4	経	8	銭	89	
孫堅を止めろ	実	黄蓋	行	4	経	8	銭	94	
ボス カイ良	実	黄蓋	ア	皮甲		武	カイ良		

❶ **エピソード名** 　　　　一連のクエストやボスの登場するエピソードの名前
❷ **エピソードクエスト名** そのクエストの名前
❸ **実行武将** 　　　　　　そのクエストを実行する武将
❹ **必要部隊数** 　　　　　そのクエストを実行するのに必要な部隊数
❺ **経験値** 　　　　　　　獲得できる経験値
❻ **獲得銭** 　　　　　　　獲得できる銭
❼ **ボス名** 　　　　　　　そのエピソードに登場するボス
❽ **実行武将** 　　　　　　そのボスと対決する武将
❾ **獲得アイテム** 　　　　ボスを倒したときに獲得できるアイテム
❿ **獲得武将** 　　　　　　ボスを倒したときに獲得できる武将（すでに所持している場合はその武将の指南書）

エピソードデータ

黄巾の乱

盧植救援	実	劉備	行	1	経	2	銭	40	
黄巾の妖術を暴け	実	劉備	行	2	経	4	銭	59	
ボス 張宝	実	劉備	ア	眉尖刀		武	劉備		
黄巾のアジトを急襲せよ	実	盧植	行	2	経	4	銭	70	
ボス 張角	実	劉備	ア	皮甲		武	関羽		

武将能力ランキング／エピソードデータ

31

反董卓連合軍

シ水関の夜襲		実	黄蓋	行	3	経	6	銭	79
華雄を撃退せよ		実	関羽	行	3	経	7	銭	70
ボス	華雄	実	関羽	ア	栗毛馬			武	関羽
虎牢関、襲撃！		実	劉備	行	4	経	8	銭	91
呂布を撃退せよ		実	関羽	行	4	経	9	銭	84
ボス	呂布	実	関羽	ア	栗毛馬			武	華雄

美女連環の計

貂蝉と呂布を会わせろ		実	王允	行	4	経	8	銭	97
貂蝉、董卓の下へ		実	王允	行	4	経	8	銭	96
呂布を引き離せ		実	王允	行	4	経	8	銭	97
李儒を封じ込めろ		実	王允	行	4	経	8	銭	99
逆臣・董卓を討て		実	王允	行	4	経	9	銭	104
ボス	董卓	実	王允	ア	眉尖刀			武	李儒

襄陽の戦い

蔡瑁の待ち伏せ		実	黄蓋	行	3	経	7	銭	74
江夏城夜襲		実	黄蓋	行	4	経	8	銭	89
孫堅を止めろ		実	黄蓋	行	4	経	8	銭	94
ボス	カイ良	実	黄蓋	ア	皮甲			武	カイ良

界橋の戦い

公孫サンの白馬騎兵		実	劉備	行	4	経	8	銭	86
公孫越暗殺を阻止せよ		実	劉備	行	5	経	10	銭	91
顔良の騎兵を破れ		実	関羽	行	5	経	10	銭	92
文醜、襲来！		実	関羽	行	5	経	11	銭	95
ボス	文醜	実	関羽	ア	栗毛馬			武	張飛

曹操の徐州侵攻

使者・糜竺の護衛		実	関羽	行	6	経	12	銭	112
北海を囲む黄巾を粉砕せよ		実	張飛	行	6	経	13	銭	107
ボス	管亥	実	張飛	ア	眉尖刀			武	張飛
援軍と合流せよ		実	関羽	行	6	経	13	銭	114
呂布軍来襲の噂を流せ		実	劉備	行	6	経	14	銭	116
ボス	曹操	実	劉備	ア	眉尖刀			武	荀イク

定陶山の戦い

東阿城救援	実	荀イク	行	7	経	14	銭	131
田氏の合図で攻め込め	実	典章	行	8	経	17	銭	147
偽葬儀	実	荀イク	行	8	経	16	銭	146
呂布をエン州から追い出せ	実	典章	行	8	経	17	銭	145
ボス 張遼	実	典章	ア	栗毛馬		武	陳登	

献帝長安脱出

郭シ、迎撃！	実	許チョ	行	8	経	18	銭	133
李カク、追討！	実	許チョ	行	9	経	20	銭	150
荒れ果てた都を復旧せよ	実	荀イク	行	9	経	19	銭	180
楊奉と韓暹	実	満寵	行	9	経	21	銭	174
ボス 徐晃	実	許チョ	ア	皮甲		武	徐晃	

駆虎呑狼の計

袁術の拡大を阻め	実	関羽	行	9	経	20	銭	142
張飛の禁酒	実	劉備	行	9	経	21	銭	150
裏切り者の曹豹を討て	実	張飛	行	10	経	22	銭	163
ボス 曹豹	実	張飛	ア	眉尖刀		武	張飛	
高順迎撃	実	張飛	行	9	経	20	銭	140
ボス 高順	実	張飛	ア	栗毛馬		武	孫策	

江東平定戦

牛渚の張英を急襲せよ	実	孫策	行	9	経	22	銭	152
揚州刺史・劉ヨウ	実	孫策	行	9	経	22	銭	151
籠城する太史慈	実	孫策	行	9	経	21	銭	152
ボス 太史慈	実	孫策	ア	栗毛馬		武	太史慈	
会稽郡へ急げ	実	太史慈	行	9	経	21	銭	168
王朗を討て	実	太史慈	行	9	経	22	銭	149
ボス 王朗	実	孫策	ア	皮甲		武	蒋欽	

宛城の戦い

張繍を急襲せよ	実	曹洪	行	9	経	22	銭	142
青州兵の横暴を許すな	実	于禁	行	9	経	22	銭	152
張繍軍を探れ	実	典章	行	11	経	24	銭	183
賈クの包囲網を突破せよ	実	典章	行	11	経	27	銭	179
ボス 賈ク	実	典章	ア	皮甲		武	鄒氏	

エピソードデータ

偽帝討伐戦

袁術の使者を斬れ	実	関羽	行	9	経	21	銭	141
楊奉と韓遐を寝返らせよ	実	荀イク	行	9	経	22	銭	147
混乱した袁術軍を討て	実	張飛	行	11	経	27	銭	165
ボス 紀霊	実	張飛	ア	眉尖刀			武	張飛
寿春の泥沼を越えろ	実	李通	行	11	経	23	銭	192
偽帝・袁術を追え	実	劉備	行	10	経	23	銭	154
ボス 袁術	実	劉備	ア	皮甲			武	周泰

呂布討伐戦

小沛を攻略せよ	実	陳登	行	11	経	28	銭	168
片目を失った夏侯惇を救え	実	関羽	行	10	経	26	銭	178
ボス 張遼	実	関羽	ア	呉鉤			武	関羽
掎角の計を阻止せよ	実	臧覇	行	10	経	26	銭	147
下ヒ城を水攻めにせよ！	実	荀イク	行	11	経	28	銭	155
ボス 陳宮	実	荀イク	ア	胸甲			武	荀イク
侯成の寝返り	実	荀攸	行	12	経	27	銭	181
下ヒ城攻略！	実	張飛	行	12	経	31	銭	162
ボス 呂布	実	張飛	ア	流星鎚			武	陳宮

易京の戦い

援軍との連携を絶て	実	張飛	行	11	経	29	銭	162
白馬騎兵を叩け	実	関羽	行	11	経	30	銭	149
攻城兵器を組み立てよ	実	荀攸	行	12	経	29	銭	232
易京楼の城壁を崩せ	実	劉備	行	12	経	30	銭	167
ボス 公孫サン	実	劉備	ア	鹿毛馬			武	公孫サン

100万人の三國志 軍師と問答　合戦で攻められたくない

周瑜：都市を占領していなければ、攻められることもありません。

都市をひとつでも占領していると、ほかのプレイヤーから攻められる危険がある。逆に都市を占領していなければ、合戦を仕掛けられることはない。多くの銭を持ってるときなど合戦を避けたいときは、エピソードを進めよう。

エピソードデータ

白馬延津の戦い

魏続と宋憲を救援せよ	実	徐晃	行	12	経	30	銭	171
張遼を援護せよ	実	徐晃	行	12	経	30	銭	177
双璧・顔良を討て	実	関羽	行	12	経	33	銭	166
ボス 顔良	実	関羽	ア	呉鉤		武	顔良	
文醜を誘い込め	実	荀攸	行	12	経	32	銭	185
双璧・文醜を討て	実	関羽	行	13	経	36	銭	170
ボス 文醜	実	関羽	ア	鹿毛馬		武	文醜	

関羽の千里行

さらわれた奥方	実	関羽	行	12	経	32	銭	217
東嶺関、突破!	実	関羽	行	12	経	30	銭	171
洛陽、突破!	実	関羽	行	12	経	30	銭	175
鎮国寺の陰謀	実	関羽	行	12	経	31	銭	166
ケイ陽太守の罠	実	関羽	行	12	経	32	銭	176
黄河を渡れ	実	関羽	行	13	経	32	銭	222
ボス 夏侯惇	実	関羽	ア	胸甲		武	趙雲	

官渡の戦い

炸裂!霹靂車	実	荀イク	行	12	経	35	銭	168
掘子軍の坑道を破壊せよ	実	荀攸	行	12	経	32	銭	185
烏巣の兵糧庫を襲え	実	徐晃	行	12	経	32	銭	219
ボス 淳于瓊	実	徐晃	ア	呉鉤		武	徐晃	
張コウと高覧の奇襲を防げ	実	曹洪	行	13	経	36	銭	185
官渡総攻撃	実	荀攸	行	13	経	35	銭	209
ボス 袁紹	実	荀イク	ア	胸甲		武	田豊	

袁家残党戦

呂曠兄弟撃退	実	曹洪	行	13	経	38	銭	160
馬延と張ギを寝返らせよ	実	荀攸	行	13	経	37	銭	175
ギョウ城の突破口を探せ	実	曹純	行	13	経	37	銭	197
袁紹の館を急襲せよ	実	曹丕	行	13	経	37	銭	213
審配を捕らえよ	実	曹丕	行	13	経	39	銭	170
ボス 審配	実	曹丕	ア	胸甲		武	審配	

白狼山の戦い

幽州に運河を築け	実	荀攸	行	13	経	37	銭	227
行軍白狼山	実	于禁	行	13	経	37	銭	175
烏丸の野営地を急襲せよ	実	徐晃	行	13	経	40	銭	167
烏丸大王を逃すな	実	許チョ	行	13	経	38	銭	172
ボス 烏丸大王	実	許チョ	ア	鹿毛馬		武	郭嘉	

江夏の戦い

凌操の骸を取り戻せ	実	蒋欽	行	13	経	39	銭	212
甘寧保護	実	周泰	行	13	経	37	銭	180
蘇飛が守る城門を破れ	実	孫策	行	13	経	40	銭	165
城外へ脱した黄祖を追え	実	孫策	行	14	経	39	銭	187
ボス 黄祖	実	孫策	ア	胸甲		武	甘寧	

新野の戦い

単福を探せ	実	劉備	行	13	経	37	銭	166
曹操軍の呂曠兄弟	実	張飛	行	14	経	40	銭	170
李典の反撃を退けよ	実	趙雲	行	14	経	41	銭	174
ボス 李典	実	趙雲	ア	呉鉤		武	李典	
破れ、八門金鎖の陣	実	趙雲	行	14	経	38	銭	176
曹仁の夜襲を見破れ	実	張飛	行	14	経	38	銭	180
ボス 曹仁	実	張飛	ア	呉鉤		武	徐庶	

博望坡の戦い

夏侯惇挑発	実	趙雲	行	14	経	40	銭	173
予山に火を放て	実	関羽	行	14	経	40	銭	165
安林に夏侯惇を追いつめろ	実	張飛	行	14	経	41	銭	166
ボス 夏侯惇	実	張飛	ア	鹿毛馬		武	諸葛亮	

長坂坡の戦い

攻め寄せる虎豹騎	実	趙雲	行	14	経	37	銭	180
趙雲、戦場を駆ける	実	趙雲	行	14	経	40	銭	218
長坂橋の張飛	実	張飛	行	14	経	41	銭	208
ボス 曹純	実	張飛	ア	白馬		武	魯粛	
劉キの援軍と合流せよ	実	関羽	行	14	経	38	銭	174
ボス 文聘	実	関羽	ア	胸甲		武	文聘	

赤壁前哨戦

蔡瑁の水上要塞視察	実	魯粛	行	14	経	38	銭	185
周瑜の学友・蒋幹	実	カン沢	行	14	経	38	銭	183
100万本の矢を集めよ	実	諸葛亮	行	14	経	40	銭	236
奇襲、水上要塞!	実	甘寧	行	14	経	42	銭	186
ボス 蔡瑁	実	甘寧	ア	呉鉤			武	孫尚香

赤壁の戦い

埋伏の毒	実	カン沢	行	14	経	41	銭	186
苦肉の計	実	黄蓋	行	14	経	43	銭	224
鳳雛を探せ	実	魯粛	行	14	経	44	銭	182
連環の計	実	カン沢	行	14	経	45	銭	186
ボス 賈ク	実	カン沢	ア	鹿毛馬			武	カン沢
東南の風に乗れ	実	黄蓋	行	14	経	47	銭	175
烏林に逃げた曹操を追え	実	趙雲	行	15	経	46	銭	188
夷陵で暖を取る曹操を襲え	実	張飛	行	15	経	49	銭	176
華容道を通る曹操を討て	実	関羽	行	15	経	50	銭	184
ボス 曹操	実	関羽	ア	流星鎚			武	ホウ統

江陵の戦い

先鋒・牛金を包囲せよ	実	蒋欽	行	14	経	44	銭	192
曹仁の突入を阻め	実	周泰	行	14	経	46	銭	183
ボス 牛金	実	蒋欽	ア	呉鉤			武	凌統
周瑜危機一髪	実	魯粛	行	14	経	47	銭	210
周瑜戦死の偽報を流せ	実	周泰	行	15	経	46	銭	193
ボス 曹仁	実	周泰	ア	歩兵甲			武	周瑜

100万人の三國志 軍師と問答　行動部隊はどのくらい必要?

ホウ統: どんなに多くても困りません。地道に増やしていきましょう。

クエストやエピソードで一度に消費する行動部隊の数は、先に進めば進むほど多くなる。終盤になると30以上消費することも。クエストやエピソードを効率よく進めるなら、行動部隊は100以上を目標にしよう。

長沙の戦い

先鋒・楊齢を退けよ	実	関羽	行	14	経	48	銭	166
老将軍、見参！	実	関羽	行	14	経	49	銭	172
ボス 黄忠	実	関羽	ア	流星鎚		武	黄忠
反骨の魏延	実	関平	行	15	経	47	銭	205
韓玄を逃がすな	実	関羽	行	15	経	48	銭	189
ボス 韓玄	実	関羽	ア	栗毛馬		武	魏延

渭水の戦い

潼関を取れ	実	徐晃	行	15	経	48	銭	200
復讐の馬超	実	許チョ	行	16	経	51	銭	210
ボス 馬超	実	許チョ	ア	白馬		武	馬岱
渭水を渡れ	実	徐晃	行	16	経	50	銭	208
韓遂の動きを探れ	実	馬岱	行	17	経	50	銭	220
決裂、馬超と韓遂	実	馬岱	行	17	経	51	銭	221
ボス 賈ク	実	諸葛亮	ア	歩兵甲		武	賈ク

益州攻略戦

間道突破！	実	李恢	行	15	経	48	銭	204
呉蘭と雷銅を急襲せよ	実	張飛	行	16	経	49	銭	195
益州の重鎮・呉懿を捕らえよ	実	趙雲	行	16	経	51	銭	204
ボス 呉懿	実	趙雲	ア	胸甲		武	趙雲
金雁橋の罠	実	諸葛亮	行	17	経	49	銭	208
名将・張任を捕らえよ	実	諸葛亮	行	17	経	50	銭	209
ボス 張任	実	諸葛亮	ア	歩兵甲		武	呉懿

葭萌関の戦い

涼州騎兵をいなせ	実	魏延	行	16	経	50	銭	221
馬超の挑戦を受けよ	実	張飛	行	17	経	53	銭	206
ボス 馬超	実	張飛	ア	白馬		武	張飛
馬超と張魯の仲を裂け	実	伊籍	行	17	経	50	銭	243
馬超を説得せよ	実	李恢	行	16	経	53	銭	220
ボス 馬超	実	李恢	ア	胸甲		武	馬超

合肥の戦い

皖城を落とせ	実	甘寧	行	16	経	50	銭	218
楽進の伏兵を破れ	実	魯粛	行	16	経	51	銭	201
凌統を救援せよ	実	凌統	行	17	経	53	銭	228
ボス 楽進	実	凌統	ア	呉鉤			武	楽進
李典の追撃	実	蒋欽	行	17	経	53	銭	214
ボス 李典	実	周泰	ア	胸甲			武	李典
迫り来る張遼	実	甘寧	行	16	経	55	銭	215
ボス 張遼	実	甘寧	ア	白馬			武	徐盛

定軍山の戦い

定軍山の罠	実	黄忠	行	18	経	61	銭	219
陳式を救援せよ	実	黄忠	行	18	経	61	銭	228
高山に依れ	実	黄忠	行	19	経	64	銭	235
焦れた夏侯淵を襲撃せよ	実	黄忠	行	19	経	65	銭	241
ボス 夏侯淵	実	黄忠	ア	白馬			武	夏侯淵

樊城の戦い

ホウ徳の挑戦	実	関羽	行	19	経	68	銭	228
名医・華佗を探せ	実	関平	行	19	経	67	銭	256
イカダを量産せよ	実	関平	行	19	経	65	銭	327
于禁包囲	実	関羽	行	20	経	71	銭	237
ボス 于禁	実	関平	ア	鹿毛馬			武	于禁
奮戦するホウ徳を捕らえよ	実	周倉	行	21	経	73	銭	263
ボス ホウ徳	実	関羽	ア	涼州馬			武	曹仁

麦城の戦い

傅士仁内通す!?	実	関平	行	21	経	68	銭	270
蒋欽の待ち伏せ	実	関羽	行	21	経	71	銭	251
ボス 蒋欽	実	関羽	ア	呉鉤			武	蒋欽
麦城に籠城せよ	実	関平	行	21	経	74	銭	274
呂蒙の包囲網を突破せよ	実	周倉	行	21	経	75	銭	265
ボス 呂蒙	実	関羽	ア	歩兵甲			武	呂蒙

エピソードデータ

夷陵の戦い

持久戦準備	実	馬良	行	21	経	71	銭	320
韓当の陣を挑発せよ	実	関興	行	21	経	72	銭	266
朱然の火攻めを阻止せよ	実	張苞	行	21	経	74	銭	261
ボス 朱然	実	張苞	ア	胸甲		武	沙摩柯	
馬良救出	実	関興	行	21	経	73	銭	309
陸遜の包囲を脱せ	実	張苞	行	21	経	75	銭	260
石兵八陣に逃げ込め	実	諸葛亮	行	21	経	77	銭	256
ボス 陸遜	実	諸葛亮	ア	鎖子甲		武	陸遜	

濡須口の戦い

一夜で巨大要塞を築け	実	徐盛	行	22	経	78	銭	325
湿原に魚油をまけ	実	徐盛	行	22	経	78	銭	279
曹丕船団を夜襲せよ	実	徐盛	行	22	経	79	銭	270
湿原の火攻め	実	徐盛	行	23	経	80	銭	285
ボス 張遼	実	徐盛	ア	鹿毛馬		武	張遼	

南蛮平定戦

孟獲と3人の洞元帥	実	諸葛亮	行	22	経	80	銭	266
ボス 孟獲	実	諸葛亮	ア	呉鉤		武	孟獲	
董荼那を寝返らせよ	実	諸葛亮	行	21	経	77	銭	256
ボス 孟獲	実	諸葛亮	ア	胸甲		武	孟獲	
孟優の偽降を見破れ	実	諸葛亮	行	21	経	78	銭	250
ボス 孟獲	実	諸葛亮	ア	呉鉤		武	孟獲	
毒泉を越えろ	実	諸葛亮	行	21	経	81	銭	249
ボス 朶思大王	実	諸葛亮	ア	胸甲		武	孟獲	
祝融を捕らえよ	実	馬岱	行	21	経	83	銭	265
ボス 祝融	実	馬岱	ア	流星鎚		武	祝融	
木鹿大王の獣兵	実	関索	行	21	経	84	銭	266
ボス 木鹿大王	実	関索	ア	胸甲		武	孟獲	
藤甲兵を焼き払え	実	魏延	行	21	経	85	銭	271
ボス 兀突骨	実	魏延	ア	歩兵甲		武	孟獲	

街亭の戦い

		実		行		経		銭	
	司馬懿の野心を吹聴せよ	実	馬謖	行	21	経	81	銭	265
	孟達に警戒させろ	実	李厳	行	22	経	82	銭	265
	街亭の街道を守れ	実	馬謖	行	22	経	86	銭	262
ボス	張コウ	実	魏延	ア	涼州馬	武	王平		
	敗走する馬謖を援護せよ	実	魏延	行	21	経	84	銭	268
	諸葛亮の空城の計	実	諸葛亮	行	21	経	85	銭	252
ボス	司馬懿	実	諸葛亮	ア	鎖子甲	武	馬謖		

陳倉の戦い

	衝車で城門を破壊せよ	実	諸葛亮	行	22	経	84	銭	259
	雲梯で城壁を登れ	実	諸葛亮	行	23	経	87	銭	272
	井闌で城内に矢を射込め	実	諸葛亮	行	22	経	84	銭	260
	坑道を掘り、地中から攻めよ	実	呉懿	行	22	経	85	銭	316
	陳倉城から撤退せよ	実	姜維	行	23	経	85	銭	283
ボス	王双	実	魏延	ア	白馬	武	カク昭		

五丈原の戦い

	木牛流馬で輸送せよ	実	王平	行	23	経	86	銭	372
	木牛流馬、動かず	実	姜維	行	22	経	90	銭	272
ボス	夏侯覇	実	姜維	ア	流星鎚	武	夏侯覇		
	葫蘆谷に罠を仕掛けよ	実	馬岱	行	22	経	88	銭	266
	葫蘆谷に司馬懿を誘い込め	実	魏延	行	22	経	88	銭	282
ボス	郭淮	実	魏延	ア	歩兵甲	武	郭淮		
	司馬懿に女性の衣服を送れ	実	諸葛亮	行	22	経	88	銭	262
	延命の祈祷	実	姜維	行	22	経	88	銭	273
	孔明、仲達を走らす	実	諸葛亮	行	22	経	92	銭	307
ボス	司馬懿	実	諸葛亮	ア	大刀	武	諸葛亮		

100万人の三國志 軍師と問答 — 育成はどの武将を優先？

荀攸：「ボス戦で出番の多い、関羽、張飛、諸葛亮、許チョ、典韋がおすすめです」

武将の強化は、合戦やボス戦で非常に重要な要素となる。しかし、指南書や銭の少ないゲーム序盤は誰を強化すべきか迷うだろう。そんなときは、強化回数が多く、ボス戦での登場頻度が高い左記の武将を優先しよう。

小覇王の挑戦

暗殺者・許貢を追え	実	蒋欽	行	23	経	86	銭	281	
孫策の誤解を解け	実	魯粛	行	24	経	89	銭	292	
二喬を保護せよ	実	太史慈	行	23	経	91	銭	338	
破底錘を敷き詰めろ	実	徐盛	行	24	経	92	銭	301	
丹陽湖急襲	実	周泰	行	25	経	90	銭	313	
ボス 周瑜	実	諸葛亮	ア	大刀		武	小喬		
決戦、小覇王！	実	太史慈	行	25	経	95	銭	307	
ボス 孫策	実	太史慈	ア	大刀		武	大喬		

馬騰、挙つ

献帝の行方を追え	実	荀イク	行	24	経	89	銭	290	
馬騰の動きを探れ	実	馬超	行	24	経	91	銭	299	
前門の馬休、後門の馬鉄	実	馬岱	行	25	経	94	銭	301	
車騎将軍・董承の奇襲	実	馬雲リョク	行	25	経	95	銭	306	
最後の漢臣	実	馬超	行	26	経	98	銭	324	
ボス 馬騰	実	馬超	ア	涼州馬		武	馬騰		

桃園よ、永久に

関羽と張飛、挙兵す	実	馬良	行	25	経	92	銭	316	
折れた旗が示すのは	実	趙雲	行	25	経	95	銭	291	
張飛、ただ一騎	実	趙雲	行	26	経	99	銭	313	
ボス 張飛	実	趙雲	ア	大刀		武	張苞		
関羽の水攻めを阻止せよ	実	郭嘉	行	26	経	100	銭	332	
狼煙台を一気に破壊せよ	実	呂蒙	行	27	経	100	銭	356	
美髯公、勝負！	実	馬超	行	28	経	110	銭	404	
ボス 関羽	実	馬超	ア	鎖子甲		武	ホウ徳		

夏侯惇ここにあり

威風堂々・夏侯惇	実	張遼	行	27	経	99	銭	328	
輸送海路を封鎖せよ	実	周瑜	行	27	経	100	銭	446	
夏侯淵来襲す	実	徐晃	行	28	経	108	銭	346	
ボス 夏侯淵	実	徐晃	ア	涼州馬		武	夏侯淵		
縦深陣に誘い込め	実	郭嘉	行	28	経	103	銭	368	
奸雄の野望、潰えず	実	張遼	行	29	経	111	銭	354	
ボス 夏侯惇	実	張遼	ア	鎖子甲		武	夏侯惇		

エピソードデータ

鍾会、決起す

間道侵入を許すな	実	姜維	行	28	経	102	銭	327
トウ艾の妻子を解放せよ	実	トウ忠	行	29	経	108	銭	401
トウ艾に降伏を呼びかけよ	実	姜維	行	29	経	106	銭	338
ボス トウ艾	実	姜維	ア	涼州馬		武		トウ艾
策士、策に溺れる	実	トウ艾	行	30	経	109	銭	372
内通者に合図を送れ	実	トウ艾	行	30	経	112	銭	377
ボス 鍾会	実	トウ艾	ア	鎖子甲		武		鍾会

孫権最後の戦い

孫権の海上要塞	実	孫策	行	28	経	107	銭	341
潜入、海上大戦艦！	実	甘寧	行	28	経	108	銭	356
水難の兵を救え	実	孫尚香	行	29	経	111	銭	440
貿易国家の夢	実	周瑜	行	30	経	113	銭	389
孫権、最後の粘り	実	孫尚香	行	30	経	117	銭	366
ボス 孫権	実	周瑜	ア	鎖子甲		武		孫権

劉備最後の戦い

徐州義勇兵との戦を避けよ	実	陳登	行	29	経	110	銭	388
新野義勇兵との戦を避けよ	実	伊籍	行	29	経	112	銭	360
山道を越え、密林を越え	実	孟獲	行	30	経	115	銭	371
少年劉備、来襲す！？	実	孟獲	行	30	経	119	銭	366
仁徳の君	実	劉禅	行	31	経	122	銭	416
ボス 劉備	実	諸葛亮	ア	大刀		武		劉シン

曹操最後の戦い

別働隊、遼水を渡る	実	関羽	行	30	経	115	銭	360
柳城を取られるな	実	趙雲	行	30	経	120	銭	343
手薄な輸送部隊の罠	実	張飛	行	31	経	121	銭	448
曹操の兵糧基地発見？	実	黄忠	行	31	経	122	銭	358
兵糧基地炎上す	実	馬超	行	32	経	127	銭	395
乱世の奸雄、最後の挑戦	実	劉備	行	32	経	128	銭	415
ボス 曹操	実	劉備	ア	涼州馬		武		曹操

COLUMN

期間限定イベント&キャンペーン
期間限定のイベントや催しが発生するので、見逃さないように!

期間限定のイベント

期間限定のイベントで
レア武将をゲット

期間限定のイベントとは、その期間だけに発生する特別なエピソード。レアな武将やアイテムを獲得できる。

◀黄小玉。「孔明と仲間たち」という期間限定イベントで獲得できた女武将。

▶夏侯氏。2011年、2月〜3月のイベント。「愛しき妻、愛しき娘」で獲得できた。

▲期間限定イベントは、基本的にエピソードの画面と共通。ただし、発生条件や実行に時間制限があることも。

そのほかにもお得な催しが!

キャンペーンやシリアル
入力でアイテムをゲット

雑誌や書籍とのタイアップで、アイテムを獲得できるシリアルを配布。キャンペーンでは贈り物をもらえることも。

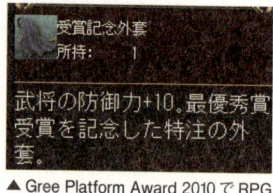

▲ Gree Platform Award 2010 で RPG 最優秀賞を受賞した際には、「受賞記念外套」が配られた。

▲期間限定イベントやキャンペーンが発生すると、マイページにリンクが追加され、詳細や発生条件等がわかる。

データ編

武将データ

300名を超える武将の能力、強化情報を一挙掲載！

武将データの見方

伊籍 ① イセキ 知将 ②
攻撃 ③ 防御 ④ 気力 ⑤
銭 4500 ⑥ コイン 200 ⑦
⑧ 関連武将▶麋竺、劉備
⑨ 関連武将(英雄時)▶カイ越、黄月英、馬謖、馬良

❶	武将名	武将の名前と読み仮名
❷	タイプ	その武将のタイプ。猛将、知将、将軍の3種類
❸	攻撃	その武将の初期攻撃力
❹	防御	その武将の初期防御力
❺	気力	その武将の気力の最大値。ゲーム上では絵文字で表示される(p08参照)
❻	銭	その武将の指南書を銭で購入する場合の価格
❼	コイン	その武将の指南書をコインで購入する場合の価格
❽	関連武将名	その武将の強化に関連した武将。これらの武将の指南書を強化に使える
❾	関連武将名(英雄)	英雄状態時の強化に関連した武将。これらの武将の指南書を強化に使える

武将の獲得

伊籍 イセキ 知将
攻撃▶68 防御▶76 気力▶20
銭▶4500 コイン▶200
関連武将▶麋竺、劉備
関連武将(英雄時)▶カイ越、黄月英、馬謖、馬良

于禁 ウキン 猛将
攻撃▶66 防御▶64 気力▶30
銭▶3000 コイン▶200
関連武将▶楽進、李典
関連武将(英雄時)▶楽進、徐晃、張コウ、ホウ徳

袁遺 エンイ 知将
攻撃▶55 防御▶63 気力▶15
銭▶― コイン▶―
関連武将▶王匡、橋瑁
関連武将(英雄時)▶伊籍、曹操、王匡、橋瑁

閻行 エンコウ 猛将
攻撃▶76 防御▶66 気力▶25
銭▶4500 コイン▶100
関連武将▶成公英、馬騰
関連武将(英雄時)▶朱霊、成公英、馬超、馬騰

王異 オウイ 知将
攻撃▶74 防御▶61 気力▶15
銭▶3000 コイン▶100
関連武将▶馬雲リョク、馬超
関連武将(英雄時)▶張春華、杜畿、馬超、楊阜

王允 オウイン 知将
攻撃▶69 防御▶55 気力▶30
銭▶4500 コイン▶100
関連武将▶鍾ヨウ、馬騰
関連武将(英雄時)▶蔡エン、貂蝉、董卓、呂布

武将データ 【イセ～カイ 伊籍～カイ越】

王基 オウキ 【将軍】
- 攻撃▶77 防御▶74 気力▶20
- 銭▶3000 コイン▶100
- 関連武将▶諸葛誕、文欽
- 関連武将(英雄時)▶王昶、諸葛誕、トウ艾、文欽

王経 オウケイ 【将軍】
- 攻撃▶63 防御▶67 気力▶20
- 銭▶3000 コイン▶100
- 関連武将▶陳泰、トウ艾
- 関連武将(英雄時)▶胡奮、陳泰、トウ艾、トウ忠

王渾 オウコン 【将軍】
- 攻撃▶74 防御▶70 気力▶15
- 銭▶6000 コイン▶200
- 関連武将▶胡奮、周旨
- 関連武将(英雄時)▶王濬、王昶、胡奮、周旨

王濬 オウシュン 【将軍】
- 攻撃▶73 防御▶74 気力▶20
- 銭▶7500 コイン▶200
- 関連武将▶杜預、羊コ
- 関連武将(英雄時)▶王渾、周旨、杜預、羊コ

王双 オウソウ 【猛将】
- 攻撃▶81 防御▶59 気力▶25
- 銭▶3000 コイン▶100
- 関連武将▶曹真、孫礼
- 関連武将(英雄時)▶カク昭、郭淮、曹真、孫礼

王昶 オウチョウ 【将軍】
- 攻撃▶68 防御▶71 気力▶15
- 銭▶6000 コイン▶200
- 関連武将▶王リョウ、曹丕
- 関連武将(英雄時)▶王基、王渾、王リョウ、曹丕

王甫 オウホ 【将軍】
- 攻撃▶59 防御▶72 気力▶20
- 銭▶3000 コイン▶100
- 関連武将▶周倉、趙累
- 関連武将(英雄時)▶関平、周倉、趙累、廖化

温恢 オンカイ 【将軍】
- 攻撃▶63 防御▶82 気力▶20
- 銭▶3000 コイン▶100
- 関連武将▶張遼、蒋済
- 関連武将(英雄時)▶楽進、蒋済、張遼、李典

王匡 オウキョウ 【将軍】
- 攻撃▶64 防御▶52 気力▶20
- 銭▶— コイン▶—
- 関連武将▶袁遺、方悦
- 関連武将(英雄時)▶袁遺、橋瑁、方悦、劉岱

王伉 オウコウ 【将軍】
- 攻撃▶59 防御▶83 気力▶40
- 銭▶4500 コイン▶100
- 関連武将▶羅憲、呂凱
- 関連武将(英雄時)▶霍弋、羅憲、李恢、呂凱

王粲 オウサン 【知将】
- 攻撃▶54 防御▶50 気力▶15
- 銭▶3000 コイン▶100
- 関連武将▶カイ越、顧雍
- 関連武将(英雄時)▶蔡エン、蔡氏、曹植、楊修

王祥 オウショウ 【知将】
- 攻撃▶64 防御▶70 気力▶15
- 銭▶4500 コイン▶100
- 関連武将▶王経、呂虔
- 関連武将(英雄時)▶王経、司馬昭、鍾会、呂虔

王忠 オウチュウ 【猛将】
- 攻撃▶54 防御▶39 気力▶25
- 銭▶— コイン▶—
- 関連武将▶朱霊、劉岱
- 関連武将(英雄時)▶朱霊、曹洪、曹真、劉岱

王平 オウヘイ 【将軍】
- 攻撃▶72 防御▶80 気力▶15
- 銭▶4500 コイン▶200
- 関連武将▶徐晃、馬謖
- 関連武将(英雄時)▶魏延、呉懿、張嶷、馬謖

王リョウ オウリョウ 【将軍】
- 攻撃▶72 防御▶63 気力▶15
- 銭▶4500 コイン▶100
- 関連武将▶王基、王昶
- 関連武将(英雄時)▶王允、王基、王昶、賈逵

カイ越 カイエツ 【知将】
- 攻撃▶71 防御▶78 気力▶15
- 銭▶4500 コイン▶100
- 関連武将▶王粲、カイ良
- 関連武将(英雄時)▶伊籍、王粲、カイ良、文聘

カイ良 カイリョウ 知将
攻撃	80	防御	72	気力	20
銭	4500	コイン	100		

関連武将▶カイ越、文聘
関連武将(英雄時)▶カイ越、蘇飛、孫堅、文聘

賈華 カカ 猛将
攻撃	67	防御	58	気力	15
銭	3000	コイン	100		

関連武将▶宋謙、呂範
関連武将(英雄時)▶呉国太、宋謙、留賛、呂範

賈逵 カキ 将軍
攻撃	67	防御	76	気力	20
銭	3000	コイン	100		

関連武将▶曹休、曹彰
関連武将(英雄時)▶曹休、曹彰、張既、杜畿

華キン カキン 知将
攻撃	74	防御	55	気力	15
銭	4500	コイン	100		

関連武将▶賈ク、陳羣
関連武将(英雄時)▶カイ良、賈ク、曹休、陳羣

賈ク カク 知将
攻撃	98	防御	80	気力	15
銭	7500	コイン	300		

関連武将▶郭嘉、郗氏、典韋
関連武将(英雄時)▶郭嘉、荀イク、程イク、劉曄

郭奕 カクエキ
攻撃	71	防御	62	気力	20
銭	—	コイン	—		

関連武将▶郭嘉、程武
関連武将(英雄時)▶王昶、郭嘉、曹沖、羊コ

郭嘉 カクカ 知将
攻撃	94	防御	82	気力	20
銭	7500	コイン	200		

関連武将▶簡雍、荀イク、荀攸
関連武将(英雄時)▶賈ク、戯志才、荀イク、荀攸

鄂煥 ガクカン 猛将
攻撃	80	防御	51	気力	25
銭	3000	コイン	100		

関連武将▶王平、張翼
関連武将(英雄時)▶王平、魏延、陳式、張翼

霍峻 カクシュン 将軍
攻撃	64	防御	80	気力	25
銭	3000	コイン	100		

関連武将▶向寵、孟達
関連武将(英雄時)▶厳顔、黄忠、孟達、劉封

カク昭 カクショウ 将軍
攻撃	71	防御	96	気力	15
銭	7500	コイン	200		

関連武将▶夏侯覇、曹真
関連武将(英雄時)▶王双、夏侯覇、曹真、孫礼

楽進 ガクシン 猛将
攻撃	74	防御	71	気力	30
銭	3000	コイン	100		

関連武将▶于禁、李典
関連武将(英雄時)▶于禁、張遼、満寵、李典

楽チン ガクチン 猛将
攻撃	70	防御	64	気力	30
銭	—	コイン	—		

関連武将▶楽進、張虎
関連武将(英雄時)▶王基、楽進、諸葛誕、孫礼

郭攸之 カクユウシ 知将
攻撃	57	防御	70	気力	15
銭	3000	コイン	100		

関連武将▶夏侯氏、張氏
関連武将(英雄時)▶蒋エン、董允、董和、費イ

霍弋 カクヨク 将軍
攻撃	66	防御	76	気力	30
銭	4500	コイン	100		

関連武将▶霍峻、羅憲
関連武将(英雄時)▶王伉、霍峻、劉シン、羅憲

郭淮 カクワイ 将軍
攻撃	74	防御	82	気力	15
銭	4500	コイン	100		

関連武将▶カク昭、姜維
関連武将(英雄時)▶夏侯覇、孫礼、陳泰、トウ艾

夏侯淵 カコウエン 猛将
攻撃	82	防御	73	気力	30
銭	6000	コイン	200		

関連武将▶黄忠、曹洪、曹仁
関連武将(英雄時)▶郭淮、夏侯惇、曹洪、曹仁

武将データ【カイ〜カン カイ良〜関索】

夏侯恩 カコウオン [猛将]
- 攻撃▶62 防御▶60 気力▶25
- 銭▶3000 コイン▶100
- 関連武将▶夏侯尚、牛金
- 関連武将(英雄時)▶夏侯尚、牛金、曹純、李通

夏侯氏 カコウジ [将軍]
- 攻撃▶50 防御▶50 気力▶20
- 銭▶― コイン▶100
- 関連武将▶夏侯恩、蔡エン
- 関連武将(英雄時)▶夏侯淵、夏侯覇、張氏、張苞

夏侯尚 カコウショウ [将軍]
- 攻撃▶68 防御▶71 気力▶20
- 銭▶3000 コイン▶100
- 関連武将▶夏侯恩、文聘
- 関連武将(英雄時)▶夏侯淵、張コウ、文聘、孟達

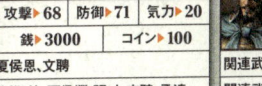

夏侯惇 カコウトン [将軍]
- 攻撃▶91 防御▶78 気力▶30
- 銭▶7500 コイン▶200
- 関連武将▶夏侯淵、曹仁、典章
- 関連武将(英雄時)▶夏侯淵、曹洪、曹仁、曹操

夏侯覇 カコウハ [将軍]
- 攻撃▶79 防御▶64 気力▶15
- 銭▶4500 コイン▶100
- 関連武将▶王平、郭淮
- 関連武将(英雄時)▶郭淮、姜維、鍾会、トウ艾

夏侯令女 カコウレイジョ [知将]
- 攻撃▶48 防御▶84 気力▶30
- 銭▶4500 コイン▶100
- 関連武将▶蔡エン、糜氏
- 関連武将(英雄時)▶夏侯恩、蔡エン、辛憲英、羊コ

賀斉 ガセイ [猛将]
- 攻撃▶69 防御▶79 気力▶30
- 銭▶4500 コイン▶100
- 関連武将▶陸遜、呂蒙
- 関連武将(英雄時)▶徐盛、陳武、呂蒙、呂範

花鬘 カマン [猛将]
- 攻撃▶72 防御▶66 気力▶15
- 銭▶6000 コイン▶200
- 関連武将▶鮑三娘、呂玲綺
- 関連武将(英雄時)▶関索、祝融、孟獲、鮑三娘

華雄 カユウ [猛将]
- 攻撃▶86 防御▶80 気力▶15
- 銭▶4500 コイン▶200
- 関連武将▶関羽、祖茂
- 関連武将(英雄時)▶関羽、祖茂、孫堅、李儒

関彝 カンイ [将軍]
- 攻撃▶58 防御▶56 気力▶20
- 銭▶― コイン▶―
- 関連武将▶関興、関統、関平
- 関連武将(英雄時)▶王甫、関興、関索、趙累

関羽 カンウ [将軍]
- 攻撃▶94 防御▶90 気力▶40
- 銭▶7500 コイン▶200
- 関連武将▶華雄、張飛、劉備
- 関連武将(英雄時)▶王甫、関平、周倉、趙累

カン丘倹 カンキュウケン [将軍]
- 攻撃▶72 防御▶61 気力▶20
- 銭▶4500 コイン▶100
- 関連武将▶諸葛誕、文欽
- 関連武将(英雄時)▶王基、諸葛誕、文鴦、文欽

関銀屏 カンギンペイ [将軍]
- 攻撃▶74 防御▶77 気力▶20
- 銭▶― コイン▶200
- 関連武将▶関羽、杜氏、廖化
- 関連武将(英雄時)▶趙雲、張飛、杜氏、李恢

関興 カンコウ [将軍]
- 攻撃▶78 防御▶75 気力▶30
- 銭▶4500 コイン▶200
- 関連武将▶関索、張苞、馬岱
- 関連武将(英雄時)▶関索、張苞、馬岱、潘璋

韓浩 カンコウ [知将]
- 攻撃▶57 防御▶77 気力▶20
- 銭▶4500 コイン▶100
- 関連武将▶夏侯惇、国淵
- 関連武将(英雄時)▶夏侯尚、夏侯惇、国淵、劉馥

関索 カンサク [猛将]
- 攻撃▶80 防御▶71 気力▶30
- 銭▶7500 コイン▶200
- 関連武将▶関興、鮑三娘、廖化
- 関連武将(英雄時)▶王悦、王桃、花鬘、鮑三娘

韓遂 (カンスイ) 将軍
攻撃	防御	気力
72	87	40
銭	7500	コイン	200

関連武将▶成公英、馬超、馬騰
関連武将(英雄時)▶閻行、成公英、馬休、馬鉄

カン沢 (カンタク) 知将
攻撃	防御	気力
65	82	30
銭	4500	コイン	200

関連武将▶黄蓋、諸葛瑾
関連武将(英雄時)▶甘寧、黄蓋、諸葛瑾、陸遜

韓当 (カントウ) 猛将
攻撃	防御	気力
74	70	30
銭	6000	コイン	200

関連武将▶黄蓋、程普
関連武将(英雄時)▶黄蓋、周泰、程普、陸遜

関統 (カントウ) 将軍
攻撃	防御	気力
63	60	20
銭	—	コイン	—

関連武将▶関羽、関興、ホウ会
関連武将(英雄時)▶関羽、関興、関平、廖化

甘寧 (カンネイ) 猛将
攻撃	防御	気力
86	76	25
銭	4500	コイン	200

関連武将▶カン沢、周泰、蒋欽
関連武将(英雄時)▶カン沢、蘇飛、張遼、凌統

韓馥 (カンフク) 知将
攻撃	防御	気力
26	22	20
銭	—	コイン	—

関連武将▶張コウ、潘鳳
関連武将(英雄時)▶高覧、沮授、張コウ、潘鳳

関平 (カンペイ) 将軍
攻撃	防御	気力
76	76	30
銭	3000	コイン	100

関連武将▶周倉、劉封、廖化
関連武将(英雄時)▶周倉、趙累、劉封、廖化

簡雍 (カンヨウ) 知将
攻撃	防御	気力
65	62	25
銭	3000	コイン	100

関連武将▶糜竺、劉備
関連武将(英雄時)▶張飛、田予、糜竺、劉備

顔良 (ガンリョウ) 猛将
攻撃	防御	気力
88	69	15
銭	6000	コイン	100

関連武将▶公孫サン、沮授、文醜
関連武将(英雄時)▶関羽、公孫サン、高覧、文醜

魏延 (ギエン) 猛将
攻撃	防御	気力
81	77	25
銭	6000	コイン	200

関連武将▶黄忠、馬岱、文聘
関連武将(英雄時)▶黄忠、高翔、陳式、馬岱

戯志才 (ギシサイ) 知将
攻撃	防御	気力
76	72	20
銭	7500	コイン	200

関連武将▶郭嘉、劉曄
関連武将(英雄時)▶郭嘉、荀イク、程イク、劉曄

牛金 (ギュウキン) 猛将
攻撃	防御	気力
77	58	25
銭	3000	コイン	100

関連武将▶高覧、曹仁
関連武将(英雄時)▶カン丘倹、曹洪、曹純、曹仁

姜維 (キョウイ) 将軍
攻撃	防御	気力
82	78	35
銭	7500	コイン	200

関連武将▶諸葛亮、馬謖、廖化
関連武将(英雄時)▶王平、夏侯覇、張嶷、廖化

橋瑁 (キョウボウ) 知将
攻撃	防御	気力
53	48	20
銭	—	コイン	—

関連武将▶孔チュウ、鮑信
関連武将(英雄時)▶袁遺、小喬、大喬、孔チュウ

許儀 (キョギ) 猛将
攻撃	防御	気力
72	53	25
銭	—	コイン	—

関連武将▶許チョ、典満
関連武将(英雄時)▶許チョ、鍾会、典韋、トウ忠

許チョ (キョチョ) 猛将
攻撃	防御	気力
93	65	30
銭	4500	コイン	200

関連武将▶曹休、曹純、典韋
関連武将(英雄時)▶夏侯惇、曹仁、曹操、典韋

武将データ【カン～コウ 韓遂～皇甫嵩】

虞翻 グホン [知将]
攻撃	75	防御	51	気力	15
銭	4500	コイン	100		

関連武将▶華キン、陸績
関連武将(英雄時)▶董襲、傅士仁、がソ統、陸績

厳顔 ゲンガン [将軍]
攻撃	77	防御	76	気力	15
銭	4500	コイン	100		

関連武将▶黄忠、張飛
関連武将(英雄時)▶呉懿、黄忠、張飛、法正

厳シュン ゲンシュン [知将]
攻撃	59	防御	67	気力	15
銭	4500	コイン	100		

関連武将▶張承、歩隲
関連武将(英雄時)▶諸葛瑾、張承、歩隲、陸凱

呉懿 ゴイ [将軍]
攻撃	71	防御	74	気力	15
銭	4500	コイン	100		

関連武将▶呉班、李厳
関連武将(英雄時)▶厳顔、呉班、呉蘭、雷銅

黄蓋 コウガイ [将軍]
攻撃	73	防御	72	気力	30
銭	6000	コイン	200		

関連武将▶韓当、程普
関連武将(英雄時)▶カン沢、韓当、周瑜、程普

黄月英 コウゲツエイ [知将]
攻撃	65	防御	83	気力	15
銭	6000	コイン	200		

関連武将▶伊籍、諸葛亮、徐庶
関連武将(英雄時)▶伊籍、諸葛亮、がソ統、馬謖

黄権 コウケン [将軍]
攻撃	65	防御	77	気力	20
銭	3000	コイン	100		

関連武将▶呉懿、呉班
関連武将(英雄時)▶呉懿、呉班、呉蘭、張任、李厳

高順 コウジュン [猛将]
攻撃	80	防御	79	気力	15
銭	6000	コイン	200		

関連武将▶成廉、陳宮
関連武将(英雄時)▶成廉、張遼、陳宮、呂玲綺

高翔 コウショウ [猛将]
攻撃	54	防御	68	気力	25
銭	3000	コイン	100		

関連武将▶馬謖、陳式
関連武将(英雄時)▶魏延、陳式、馬謖、楊儀

黄小玉 コウショウギョク [将軍]
攻撃	46	防御	49	気力	30
銭	―	コイン	300		

関連武将▶関羽、諸葛瑾、張飛、劉備
関連武将(英雄時)▶黄月英、崔州平、諸葛亮、徐庶

公孫越 コウソンエツ [猛将]
攻撃	63	防御	67	気力	25
銭	3000	コイン	100		

関連武将▶公孫サン、田予
関連武将(英雄時)▶公孫サン、趙雲、田予、李通

公孫サン コウソンサン [将軍]
攻撃	76	防御	71	気力	15
銭	6000	コイン	200		

関連武将▶公孫越、趙雲、盧植
関連武将(英雄時)▶公孫越、趙雲、劉備、盧植

公孫続 コウソンショク [将軍]
攻撃	64	防御	63	気力	25
銭	―	コイン	―		

関連武将▶公孫越、公孫サン
関連武将(英雄時)▶公孫越、公孫サン、趙雲、田予

黄忠 コウチュウ [猛将]
攻撃	83	防御	76	気力	30
銭	6000	コイン	200		

関連武将▶魏延、がソ統、劉封
関連武将(英雄時)▶魏延、厳顔、法正、劉封

孔チュウ コウチュウ [知将]
攻撃	44	防御	56	気力	15
銭	―	コイン	―		

関連武将▶韓馥、鮑信
関連武将(英雄時)▶韓馥、王匡、鮑信、李通

皇甫嵩 コウホスウ [将軍]
攻撃	58	防御	56	気力	15
銭	3000	コイン	100		

関連武将▶朱儁、盧植
関連武将(英雄時)▶朱儁、曹操、孫堅、盧植

孔融 コウユウ [知将]
攻撃▶61 防御▶51 気力▶15
銭▶4500 コイン▶100
関連武将▶太史慈、陳珪
関連武将(英雄時)▶王粲、曹植、太史慈、陳珪

高覧 コウラン [猛将]
攻撃▶70 防御▶72 気力▶25
銭▶3000 コイン▶100
関連武将▶沮授、張コウ
関連武将(英雄時)▶審配、沮授、張コウ、田豊

国淵 コクエン [知将]
攻撃▶58 防御▶78 気力▶20
銭▶4500 コイン▶100
関連武将▶韓浩、劉馥
関連武将(英雄時)▶王祥、韓浩、トウ艾、劉馥

吾彦 ゴゲン [将軍]
攻撃▶65 防御▶74 気力▶25
銭▶4500 コイン▶100
関連武将▶諸葛セイ、沈瑩
関連武将(英雄時)▶霍弋、諸葛セイ、沈瑩、張繡

呉国太 ゴコクタイ [猛将]
攻撃▶63 防御▶78 気力▶25
銭▶― コイン▶200
関連武将▶徐氏、張昭
関連武将(英雄時)▶孫堅、孫権、孫尚香、呂範

吾粲 ゴサン [知将]
攻撃▶65 防御▶65 気力▶15
銭▶3000 コイン▶100
関連武将▶朱拠、朱然
関連武将(英雄時)▶蒋欽、朱拠、駱統、呂範

顧譚 コタン [知将]
攻撃▶65 防御▶66 気力▶15
銭▶4500 コイン▶100
関連武将▶張休、陳表
関連武将(英雄時)▶諸葛恪、孫登、張休、陳表

呉班 ゴハン [将軍]
攻撃▶69 防御▶58 気力▶20
銭▶4500 コイン▶100
関連武将▶張苞、雷銅
関連武将(英雄時)▶呉蘭、黄権、張苞、雷銅

胡奮 コフン [猛将]
攻撃▶78 防御▶65 気力▶20
銭▶4500 コイン▶100
関連武将▶王渾、杜預
関連武将(英雄時)▶王基、王経、王渾、杜預

顧雍 コヨウ [知将]
攻撃▶67 防御▶77 気力▶15
銭▶3000 コイン▶100
関連武将▶歩隲、陸績
関連武将(英雄時)▶蔡エン、張紘、張昭、陸績

呉蘭 ゴラン [猛将]
攻撃▶71 防御▶59 気力▶25
銭▶3000 コイン▶100
関連武将▶張嶷、雷銅
関連武将(英雄時)▶呉懿、黄権、張任、雷銅

蔡エン サイエン [知将]
攻撃▶52 防御▶72 気力▶15
銭▶3000 コイン▶100
関連武将▶王允、顧雍
関連武将(英雄時)▶王允、王粲、顧雍、曹植

崔州平 サイシュウヘイ [知将]
攻撃▶24 防御▶81 気力▶15
銭▶― コイン▶300
関連武将▶石広元、孟公威
関連武将(英雄時)▶黄月英、黄小玉、石広元、孟公威

司馬懿 シバイ [知将]
攻撃▶90 防御▶93 気力▶15
銭▶7500 コイン▶300
関連武将▶諸葛亮、曹操、張コウ、張春華
関連武将(英雄時)▶カク昭、司馬師、司馬昭、張春華

司馬師 シバシ [将軍]
攻撃▶66 防御▶80 気力▶15
銭▶4500 コイン▶100
関連武将▶司馬昭、鍾会
関連武将(英雄時)▶司馬懿、司馬昭、鍾会、陳泰

司馬昭 シバショウ [知将]
攻撃▶73 防御▶80 気力▶15
銭▶4500 コイン▶100
関連武将▶司馬師、トウ艾
関連武将(英雄時)▶司馬懿、司馬師、陳泰、トウ艾

武将データ 【コウ～ショ 孔融～蒋エン】

沙摩柯 シャマカ 猛将
攻撃 ▶ 78 | 防御 ▶ 53 | 気力 ▶ 15
銭 ▶ 3000 | コイン ▶ 100
関連武将 ▶ 甘寧、馬良
関連武将（英雄時）▶ 鄂煥、甘寧、馬良、孟獲

周旨 シュウシ 猛将
攻撃 ▶ 81 | 防御 ▶ 59 | 気力 ▶ 25
銭 ▶ 4500 | コイン ▶ 100
関連武将 ▶ 王渾、王濬
関連武将（英雄時）▶ 王渾、王濬、沈瑩、杜預

周倉 シュウソウ 猛将
攻撃 ▶ 75 | 防御 ▶ 65 | 気力 ▶ 30
銭 ▶ 4500 | コイン ▶ 100
関連武将 ▶ 関羽、関平
関連武将（英雄時）▶ 王甫、関羽、関平、廖化

周泰 シュウタイ 猛将
攻撃 ▶ 84 | 防御 ▶ 71 | 気力 ▶ 30
銭 ▶ 7500 | コイン ▶ 300
関連武将 ▶ 韓当、蒋欽、太史慈
関連武将（英雄時）▶ 韓当、蒋欽、朱然、徐盛

周魴 シュウホウ 知将
攻撃 ▶ 69 | 防御 ▶ 54 | 気力 ▶ 15
銭 ▶ 3000 | コイン ▶ 100
関連武将 ▶ 朱拠、全ソウ
関連武将（英雄時）▶ 賀斉、カン沢、蒋幹、全ソウ

周瑜 シュウユ 知将
攻撃 ▶ 91 | 防御 ▶ 91 | 気力 ▶ 20
銭 ▶ 7500 | コイン ▶ 300
関連武将 ▶ 蒋幹、諸葛亮、孫策、魯粛
関連武将（英雄時）▶ 蒋幹、小喬、孫策、魯粛

朱桓 シュカン 猛将
攻撃 ▶ 73 | 防御 ▶ 87 | 気力 ▶ 15
銭 ▶ 4500 | コイン ▶ 100
関連武将 ▶ 陳武、董襲、潘璋
関連武将（英雄時）▶ 朱拠、全ソウ、周魴、凌統

朱拠 シュキョ 将軍
攻撃 ▶ 68 | 防御 ▶ 73 | 気力 ▶ 20
銭 ▶ 4500 | コイン ▶ 100
関連武将 ▶ 吾粲、朱桓
関連武将（英雄時）▶ 賀斉、朱桓、駱統、凌統

祝融 シュクユウ 猛将
攻撃 ▶ 80 | 防御 ▶ 68 | 気力 ▶ 15
銭 ▶ 3000 | コイン ▶ 100
関連武将 ▶ 張嶷、馬岱、孟獲
関連武将（英雄時）▶ 張嶷、馬忠、孟獲、趙雲

朱儁 シュシュン 猛将
攻撃 ▶ 56 | 防御 ▶ 55 | 気力 ▶ 15
銭 ▶ 3000 | コイン ▶ 100
関連武将 ▶ 皇甫嵩、盧植
関連武将（英雄時）▶ 皇甫嵩、孫堅、劉備、盧植

朱然 シュゼン 猛将
攻撃 ▶ 71 | 防御 ▶ 75 | 気力 ▶ 25
銭 ▶ 3000 | コイン ▶ 100
関連武将 ▶ 陸遜、凌統
関連武将（英雄時）▶ 全ソウ、孫権、潘璋、凌統

朱治 シュチ 将軍
攻撃 ▶ 66 | 防御 ▶ 64 | 気力 ▶ 20
銭 ▶ 4500 | コイン ▶ 100
関連武将 ▶ 祖茂、呂範
関連武将（英雄時）▶ 朱然、祖茂、孫瑜、呂範

朱霊 シュレイ 猛将
攻撃 ▶ 61 | 防御 ▶ 60 | 気力 ▶ 15
銭 ▶ 3000 | コイン ▶ 100
関連武将 ▶ 夏侯恩、臧覇
関連武将（英雄時）▶ 于禁、徐晃、臧覇、李通

荀彧 ジュンイク 知将
攻撃 ▶ 82 | 防御 ▶ 93 | 気力 ▶ 35
銭 ▶ 7500 | コイン ▶ 200
関連武将 ▶ 王允、カイ良、荀攸
関連武将（英雄時）▶ 郭嘉、荀攸、鍾ヨ、程イク

荀攸 ジュンユウ 知将
攻撃 ▶ 83 | 防御 ▶ 76 | 気力 ▶ 30
銭 ▶ 6000 | コイン ▶ 200
関連武将 ▶ 荀彧、満寵
関連武将（英雄時）▶ 荀彧、鍾ヨ、程イク、満寵

蒋エン ショウエン 知将
攻撃 ▶ 72 | 防御 ▶ 76 | 気力 ▶ 20
銭 ▶ 4500 | コイン ▶ 100
関連武将 ▶ 費イ、楊儀
関連武将（英雄時）▶ 姜維、董允、費イ、李厳

53

鍾会 ショウカイ 知将	蒋幹 ショウカン 知将
攻撃▶87 防御▶60 気力▶15	攻撃▶32 防御▶28 気力▶15
銭▶6000 コイン▶200	銭▶6000 コイン▶100
関連武将▶姜維、トウ忠、トウ艾	関連武将▶周瑜、楊修
関連武将(英雄時)▶姜維、司馬師、司馬昭、トウ艾	関連武将(英雄時)▶周魴、周瑜、ホウ統、楊修

小喬 ショウキョウ 知将	蒋欽 ショウキン 将軍
攻撃▶50 防御▶87 気力▶15	攻撃▶79 防御▶67 気力▶30
銭▶6000 コイン▶200	銭▶7500 コイン▶200
関連武将▶周瑜、大喬、孫尚香	関連武将▶周泰、太史慈、魯粛
関連武将(英雄時)▶呉国太、周瑜、孫尚香、大喬	関連武将(英雄時)▶吾粲、周泰、呂蒙、魯粛

蒋済 ショウサイ 知将	蒋舒 ショウジョ 猛将
攻撃▶71 防御▶70 気力▶25	攻撃▶69 防御▶55 気力▶15
銭▶4500 コイン▶100	銭▶3000 コイン▶100
関連武将▶温恢、李典	関連武将▶傅士仁、傅僉
関連武将(英雄時)▶温恢、夏侯令女、辛憲英、陳羣	関連武将(英雄時)▶陳到、糜芳、傅士仁、傅僉

向寵 ショウチョウ 将軍	鍾ヨウ ショウヨウ 知将
攻撃▶61 防御▶70 気力▶20	攻撃▶60 防御▶70 気力▶15
銭▶3000 コイン▶100	銭▶3000 コイン▶100
関連武将▶霍峻、トウ芝	関連武将▶荀攸、張既
関連武将(英雄時)▶鄂煥、霍峻、高翔、トウ芝	関連武将(英雄時)▶荀イク、荀攸、張既、陳羣

諸葛恪 ショカカク 知将	諸葛瑾 ショカツキン 知将
攻撃▶81 防御▶61 気力▶15	攻撃▶70 防御▶75 気力▶30
銭▶6000 コイン▶200	銭▶4500 コイン▶200
関連武将▶賀斉、孫権	関連武将▶黄蓋、張昭
関連武将(英雄時)▶顧譚、孫権、張休、陳表	関連武将(英雄時)▶厳シュン、張承、歩隲、魯粛

諸葛セイ ショカツセイ 将軍	諸葛誕 ショカツタン 将軍
攻撃▶63 防御▶69 気力▶15	攻撃▶70 防御▶76 気力▶15
銭▶4500 コイン▶100	銭▶4500 コイン▶100
関連武将▶吾彦、諸葛誕	関連武将▶カン丘倹、文鴦
関連武将(英雄時)▶吾彦、諸葛誕、孫震、張悌	関連武将(英雄時)▶カン丘倹、諸葛亮、文鴦、文欽

諸葛亮 ショカツリョウ 知将	徐晃 ジョコウ 将軍
攻撃▶96 防御▶100 気力▶40	攻撃▶81 防御▶79 気力▶30
銭▶7500 コイン▶300	銭▶6000 コイン▶200
関連武将▶伊籍、徐庶、ホウ統、劉備	関連武将▶于禁、関羽、満寵
関連武将(英雄時)▶姜維、月英、徐庶、馬謖	関連武将(英雄時)▶朱霊、張遼、ホウ徳、満寵

徐氏 ジョシ 知将	徐庶 ジョショ 知将
攻撃▶62 防御▶81 気力▶25	攻撃▶90 防御▶75 気力▶15
銭▶— コイン▶200	銭▶6000 コイン▶200
関連武将▶呉国太、孫翊	関連武将▶伊籍、ホウ統、劉備
関連武将(英雄時)▶呉国太、孫桓、孫韶、孫翊	関連武将(英雄時)▶月英、諸葛亮、ホウ統、劉備

武将データ【ショ〜ソウ、鍾会→曹昂】

徐盛 ジョセイ 猛将
攻撃▶72 防御▶89 気力▶30
銭▶4500 コイン▶200
関連武将▶甘寧、孫尚香、凌統
関連武将(英雄時)▶周泰、孫韶、孫尚香、丁奉

沈瑩 シンエイ 猛将
攻撃▶73 防御▶68 気力▶25
銭▶4500 コイン▶100
関連武将▶吾彦、張悌
関連武将(英雄時)▶吾彦、諸葛セイ、周旨、張悌

辛憲英 シンケンエイ 知将
攻撃▶64 防御▶79 気力▶15
銭▶3000 コイン▶100
関連武将▶司馬師、司馬昭
関連武将(英雄時)▶夏侯令女、司馬師、司馬昭、蒋済

甄氏 シンジ 知将
攻撃▶65 防御▶70 気力▶15
銭▶— コイン▶100
関連武将▶曹植、曹丕、卞氏
関連武将(英雄時)▶曹植、曹丕、貂蝉、卞氏

辛敞 シンショウ 将軍
攻撃▶55 防御▶67 気力▶20
銭▶3000 コイン▶100
関連武将▶辛憲英、辛ピ
関連武将(英雄時)▶司馬懿、蒋済、辛憲英、辛ピ

審配 シンパイ 将軍
攻撃▶64 防御▶89 気力▶15
銭▶4500 コイン▶100
関連武将▶顔良、田豊
関連武将(英雄時)▶顔良、高覧、沮授、劉氏

辛ピ シンピ 知将
攻撃▶72 防御▶68 気力▶15
銭▶4500 コイン▶200
関連武将▶辛敞、陳羣
関連武将(英雄時)▶辛憲英、辛敞、審配、曹叡

鄒氏 スウシ 知将
攻撃▶77 防御▶53 気力▶15
銭▶6000 コイン▶200
関連武将▶賈ク、典韋
関連武将(英雄時)▶曹昂、曹沖、典韋、樊氏

成公英 セイコウエイ 将軍
攻撃▶69 防御▶73 気力▶15
銭▶6000 コイン▶100
関連武将▶馬騰、ホウ徳
関連武将(英雄時)▶閻行、張既、馬騰、ホウ徳

石広元 セキコウゲン 将軍
攻撃▶31 防御▶83 気力▶20
銭▶— コイン▶300
関連武将▶崔州平、諸葛亮
関連武将(英雄時)▶黄小玉、崔州平、徐庶、孟公威

全ソウ ゼンソウ 猛将
攻撃▶68 防御▶72 気力▶25
銭▶4500 コイン▶100
関連武将▶周魴、孫魯班
関連武将(英雄時)▶賀斉、朱桓、周魴、孫魯班

曹叡 ソウエイ 将軍
攻撃▶65 防御▶77 気力▶15
銭▶6000 コイン▶200
関連武将▶郭氏、司馬懿、曹真
関連武将(英雄時)▶郭氏、甄氏、曹真、陳羣

曹休 ソウキュウ 猛将
攻撃▶65 防御▶65 気力▶30
銭▶4500 コイン▶100
関連武将▶曹純、賈逵
関連武将(英雄時)▶賈逵、華キン、曹純、周魴

宋謙 ソウケン 猛将
攻撃▶71 防御▶64 気力▶20
銭▶3000 コイン▶100
関連武将▶賈華、張承
関連武将(英雄時)▶賈華、孫皎、太史慈、張承

曹洪 ソウコウ 猛将
攻撃▶73 防御▶72 気力▶35
銭▶6000 コイン▶200
関連武将▶楽進、曹純
関連武将(英雄時)▶夏侯淵、夏侯惇、曹休、曹仁

曹昂 ソウコウ 将軍
攻撃▶67 防御▶66 気力▶35
銭▶— コイン▶200
関連武将▶曹沖、典韋、卞氏
関連武将(英雄時)▶鄒氏、曹沖、典韋、曹丕

曹純 ソウジュン 将軍
- 攻撃 ▶ 71　防御 ▶ 60　気力 ▶ 25
- 銭 ▶ 4500　コイン ▶ 100
- 関連武将: 曹洪、李通
- 関連武将(英雄時): 夏侯恩、牛金、曹昂、曹仁

曹彰 ソウショウ 猛将
- 攻撃 ▶ 84　防御 ▶ 74　気力 ▶ 25
- 銭 ▶ 4500　コイン ▶ 200
- 関連武将: 曹植、曹丕、劉封
- 関連武将(英雄時): 賈逵、曹植、田予、卞氏

曹植 ソウショク 知将
- 攻撃 ▶ 68　防御 ▶ 65　気力 ▶ 20
- 銭 ▶ 4500　コイン ▶ 100
- 関連武将: 曹丕、卞氏、楊修
- 関連武将(英雄時): 王粲、蔡エン、甄氏、卞氏

曹真 ソウシン 将軍
- 攻撃 ▶ 68　防御 ▶ 69　気力 ▶ 15
- 銭 ▶ 6000　コイン ▶ 200
- 関連武将: 曹仁、曹丕
- 関連武将(英雄時): 王双、カク昭、郭淮、司馬懿

曹仁 ソウジン 猛将
- 攻撃 ▶ 74　防御 ▶ 86　気力 ▶ 25
- 銭 ▶ 6000　コイン ▶ 200
- 関連武将: 徐晃、曹洪、満寵
- 関連武将(英雄時): 夏侯淵、夏侯惇、牛金、満寵

曹操 ソウソウ 将軍
- 攻撃 ▶ 90　防御 ▶ 90　気力 ▶ 15
- 銭 ▶ 7500　コイン ▶ 300
- 関連武将: 賈ク、郭嘉、夏侯惇、司馬懿
- 関連武将(英雄時): 郭嘉、夏侯惇、許チョ、荀イク

曹沖 ソウチュウ 知将
- 攻撃 ▶ 76　防御 ▶ 70　気力 ▶ 20
- 銭 ▶ ―　コイン ▶ 200
- 関連武将: 郭嘉、甄氏、曹昂
- 関連武将(英雄時): 郭嘉、甄氏、曹植、曹丕

臧覇 ゾウハ 猛将
- 攻撃 ▶ 70　防御 ▶ 75　気力 ▶ 25
- 銭 ▶ 3000　コイン ▶ 100
- 関連武将: 曹豹、陳登
- 関連武将(英雄時): 曹豹、孫観、張遼、満寵

曹丕 ソウヒ 知将
- 攻撃 ▶ 72　防御 ▶ 66　気力 ▶ 20
- 銭 ▶ 6000　コイン ▶ 200
- 関連武将: 夏侯尚、朱霊、曹休
- 関連武将(英雄時): 夏侯尚、司馬懿、甄氏、孟達

曹豹 ソウヒョウ 猛将
- 攻撃 ▶ 32　防御 ▶ 26　気力 ▶ 15
- 銭 ▶ 3000　コイン ▶ 100
- 関連武将: 臧覇、張飛
- 関連武将(英雄時): 朱霊、張飛、陳式、陳登

沮授 ソジュ 知将
- 攻撃 ▶ 79　防御 ▶ 70　気力 ▶ 15
- 銭 ▶ 4500　コイン ▶ 100
- 関連武将: 審配、田豊
- 関連武将(英雄時): 審配、張コウ、田豊、文醜

蘇飛 ソヒ 将軍
- 攻撃 ▶ 66　防御 ▶ 65　気力 ▶ 20
- 銭 ▶ 3000　コイン ▶ 100
- 関連武将: カイ良、甘寧
- 関連武将(英雄時): カイ良、甘寧、文聘、凌統

祖茂 ソモ 猛将
- 攻撃 ▶ 64　防御 ▶ 67　気力 ▶ 25
- 銭 ▶ 3000　コイン ▶ 100
- 関連武将: 朱治、孫堅
- 関連武将(英雄時): 華雄、韓当、黄蓋、程普

孫桓 ソンカン 将軍
- 攻撃 ▶ 70　防御 ▶ 79　気力 ▶ 20
- 銭 ▶ 4500　コイン ▶ 100
- 関連武将: 孫韶、駱統
- 関連武将(英雄時): 朱然、孫韶、孫瑜、駱統

孫観 ソンカン 猛将
- 攻撃 ▶ 73　防御 ▶ 66　気力 ▶ 25
- 銭 ▶ 4500　コイン ▶ 100
- 関連武将: 臧覇、劉馥
- 関連武将(英雄時): 王リョウ、臧覇、張燕、劉馥

孫堅 ソンケン 将軍
- 攻撃 ▶ 85　防御 ▶ 75　気力 ▶ 15
- 銭 ▶ 6000　コイン ▶ 200
- 関連武将: 韓当、黄蓋、程普
- 関連武将(英雄時): 韓当、黄蓋、呉国太、程普

武将データ 【ソウ～タイ 曹純～太史慈】

孫権 ソンケン [将軍]
- 攻撃▶65　防御▶86　気力▶15
- 銭▶4500　コイン▶100
- 関連武将▶孫堅、諸葛恪、諸葛瑾
- 関連武将(英雄時)▶周泰、朱然、諸葛瑾、張昭

孫乾 ソンケン [知将]
- 攻撃▶72　防御▶68　気力▶25
- 銭▶4500　コイン▶200
- 関連武将▶簡雍、張松
- 関連武将(英雄時)▶簡雍、ケ芝、馬良、糜竺

孫皎 ソンコウ [猛将]
- 攻撃▶72　防御▶71　気力▶25
- 銭▶4500　コイン▶100
- 関連武将▶諸葛瑾、呂蒙
- 関連武将(英雄時)▶甘寧、蔣欽、孫瑜、呂蒙

孫策 ソンサク [将軍]
- 攻撃▶86　防御▶79　気力▶30
- 銭▶7500　コイン▶200
- 関連武将▶周泰、太史慈、張昭、程普
- 関連武将(英雄時)▶周瑜、大喬、太史慈、呂範

孫韶 ソンショウ [猛将]
- 攻撃▶73　防御▶78　気力▶25
- 銭▶4500　コイン▶100
- 関連武将▶孫桓、丁奉
- 関連武将(英雄時)▶徐盛、孫桓、孫翊、丁奉

孫尚香 ソンショウコウ [将軍]
- 攻撃▶80　防御▶65　気力▶25
- 銭▶7500　コイン▶300
- 関連武将▶徐盛、孫策、丁奉
- 関連武将(英雄時)▶徐盛、孫策、丁奉、劉備

孫震 ソンシン [猛将]
- 攻撃▶71　防御▶64　気力▶25
- 銭▶4500　コイン▶100
- 関連武将▶孫皎、留賛
- 関連武将(英雄時)▶沈瑩、孫皎、張悌、留賛

孫登 ソントウ [将軍]
- 攻撃▶64　防御▶76　気力▶20
- 銭▶6000　コイン▶200
- 関連武将▶諸葛恪、張休、陸凱
- 関連武将(英雄時)▶顧譚、諸葛恪、張休、陳表

孫瑜 ソンユ [将軍]
- 攻撃▶68　防御▶63　気力▶20
- 銭▶4500　コイン▶100
- 関連武将▶孫翊、呂範
- 関連武将(英雄時)▶周瑜、孫皎、歩隲、呂範

孫翊 ソンヨク [猛将]
- 攻撃▶73　防御▶59　気力▶25
- 銭▶4500　コイン▶100
- 関連武将▶蘇飛、孫瑜
- 関連武将(英雄時)▶徐氏、孫桓、孫韶、孫瑜

孫礼 ソンレイ [猛将]
- 攻撃▶73　防御▶71　気力▶25
- 銭▶3000　コイン▶100
- 関連武将▶王基、王双
- 関連武将(英雄時)▶郭淮、夏侯覇、司馬師、張コウ

孫朗 ソンロウ [将軍]
- 攻撃▶55　防御▶45　気力▶20
- 銭▶—　コイン▶—
- 関連武将▶呉国太、太史享
- 関連武将(英雄時)▶呉国太、孫堅、孫尚香、孫翊

孫魯班 ソンロハン [猛将]
- 攻撃▶35　防御▶33　気力▶20
- 銭▶3000　コイン▶100
- 関連武将▶全ソウ、孫翊
- 関連武将(英雄時)▶王異、諸葛恪、全ソウ、呂玲綺

大喬 ダイキョウ [知将]
- 攻撃▶49　防御▶88　気力▶15
- 銭▶7500　コイン▶200
- 関連武将▶孫策、小喬、孫尚香
- 関連武将(英雄時)▶呉国太、小喬、孫策、孫尚香

太史享 タイシキョウ [猛将]
- 攻撃▶61　防御▶69　気力▶25
- 銭▶—　コイン▶—
- 関連武将▶孫朗、太史慈
- 関連武将(英雄時)▶朱治、蘇飛、太史慈、陸抗

太史慈 タイシジ [猛将]
- 攻撃▶86　防御▶78　気力▶25
- 銭▶6000　コイン▶200
- 関連武将▶孫策、周泰、蔣欽
- 関連武将(英雄時)▶甘寧、孫策、周泰、蔣欽

趙雲 チョウウン 猛将
攻撃▶91 防御▶93 気力▶40
銭▶7500 コイン▶200
関連武将▶公孫サン、文醜、劉備
関連武将(英雄時)▶張翼、トウ芝、馬雲リョク、樊氏

張燕 チョウエン 猛将
攻撃▶79 防御▶74 気力▶20
銭▶7500 コイン▶200
関連武将▶韓遂、孫観、張繍
関連武将(英雄時)▶韓遂、裴覇、孫観、張繍

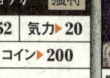

趙娥 チョウガ 猛将
攻撃▶80 防御▶52 気力▶20
銭▶— コイン▶200
関連武将▶皇甫嵩、楊氏
関連武将(英雄時)▶王異、夏侯令女、徐氏、楊氏

張既 チョウキ 知将
攻撃▶66 防御▶79 気力▶15
銭▶4500 コイン▶100
関連武将▶閻行、杜畿
関連武将(英雄時)▶夏侯淵、鍾ヨウ、成公英、杜畿

張休 チョウキュウ 知将
攻撃▶65 防御▶63 気力▶15
銭▶4500 コイン▶100
関連武将▶顧譚、陳表
関連武将(英雄時)▶諸葛恪、顧譚、孫登、陳表

張嶷 チョウギョク 将軍
攻撃▶71 防御▶73 気力▶20
銭▶3000 コイン▶100
関連武将▶王平、鄂煥
関連武将(英雄時)▶姜維、祝融、馬忠、李恢

張虎 チョウコ 猛将
攻撃▶72 防御▶67 気力▶30
銭▶— コイン▶—
関連武将▶楽チン、張遼
関連武将(英雄時)▶王双、曹真、孫礼、張遼

張コウ チョウコウ ???
攻撃▶??? 防御▶??? 気力▶???
銭▶??? コイン▶???
関連武将▶???
関連武将(英雄時)▶???

趙広 チョウコウ 猛将
攻撃▶71 防御▶66 気力▶25
銭▶— コイン▶—
関連武将▶公孫続、趙雲、趙統
関連武将(英雄時)▶姜維、趙雲、張翼、廖化

張紘 チョウコウ 知将
攻撃▶66 防御▶81 気力▶20
銭▶6000 コイン▶200
関連武将▶顧雍、張昭
関連武将(英雄時)▶孔融、顧雍、張昭、魯粛

張氏 チョウシ 猛将
攻撃▶63 防御▶81 気力▶20
銭▶— コイン▶200
関連武将▶関平、趙累、張飛
関連武将(英雄時)▶夏侯氏、夏侯覇、張苞、劉禅

張繍 チョウシュウ 猛将
攻撃▶70 防御▶82 気力▶15
銭▶7500 コイン▶200
関連武将▶賈ク、張燕
関連武将(英雄時)▶賈ク、鄒氏、曹昂、張燕

張春華 チョウシュンカ 知将
攻撃▶78 防御▶66 気力▶30
銭▶4500 コイン▶100
関連武将▶王異、夏侯令女
関連武将(英雄時)▶王異、夏侯令女、辛憲英、司馬懿

張昭 チョウショウ 知将
攻撃▶55 防御▶86 気力▶15
銭▶4500 コイン▶200
関連武将▶周瑜、魯粛
関連武将(英雄時)▶顧雍、諸葛恪、孫権、張紘

張松 チョウショウ 知将
攻撃▶84 防御▶62 気力▶15
銭▶6000 コイン▶200
関連武将▶孫乾、法正
関連武将(英雄時)▶孫乾、法正、孟達、李厳

張承 チョウショウ 将軍
攻撃▶69 防御▶73 気力▶20
銭▶6000 コイン▶200
関連武将▶厳シュン、諸葛瑾
関連武将(英雄時)▶厳シュン、諸葛瑾、張休、歩隲

武将データ 【チョ〜チン／趙雲〜陳登】

張任 チョウジン ???
- 攻撃▶??? 防御▶??? 気力▶???
- 銭▶??? コイン▶???
- 関連武将▶???
- 関連武将(英雄時)▶???

貂蝉 チョウセン 知将
- 攻撃▶91 防御▶64 気力▶30
- 銭▶— コイン▶200
- 関連武将▶王允、甄氏、李儒
- 関連武将(英雄時)▶王允、蔡エン、甄氏、鄒氏

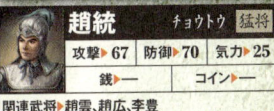

張悌 チョウテイ 知将
- 攻撃▶72 防御▶74 気力▶25
- 銭▶6000 コイン▶200
- 関連武将▶諸葛セイ、沈瑩、孫震
- 関連武将(英雄時)▶吾彦、諸葛セイ、沈瑩、孫震

趙統 チョウトウ 猛将
- 攻撃▶67 防御▶70 気力▶25
- 銭▶— コイン▶—
- 関連武将▶趙雲、趙広、李豊
- 関連武将(英雄時)▶関興、趙雲、張苞、馬謖

張南 チョウナン 猛将
- 攻撃▶64 防御▶66 気力▶25
- 銭▶3000 コイン▶100
- 関連武将▶馮習、傅トウ
- 関連武将(英雄時)▶蒋舒、馮習、傅トウ、傅僉

張飛 チョウヒ 猛将
- 攻撃▶95 防御▶76 気力▶40
- 銭▶7500 コイン▶300
- 関連武将▶関羽、簡雍、劉備
- 関連武将(英雄時)▶関羽、簡雍、馬超、ホウ統

張苞 チョウホウ 猛将
- 攻撃▶79 防御▶73 気力▶35
- 銭▶3000 コイン▶100
- 関連武将▶関興、張飛、馬良
- 関連武将(英雄時)▶関興、呉班、張飛、雷銅

張翼 チョウヨク 将軍
- 攻撃▶68 防御▶73 気力▶25
- 銭▶4500 コイン▶100
- 関連武将▶馬忠、廖化
- 関連武将(英雄時)▶王平、張嶷、馬忠、李恢

張遼 チョウリョウ 猛将
- 攻撃▶85 防御▶96 気力▶35
- 銭▶6000 コイン▶200
- 関連武将▶楽進、高順、李典
- 関連武将(英雄時)▶郭嘉、楽進、関羽、李典

趙累 チョウルイ 猛将
- 攻撃▶64 防御▶68 気力▶20
- 銭▶3000 コイン▶100
- 関連武将▶王甫、糜芳
- 関連武将(英雄時)▶王甫、関興、関平、廖化

陳宮 チンキュウ 知将
- 攻撃▶84 防御▶64 気力▶15
- 銭▶6000 コイン▶200
- 関連武将▶荀イク、郭嘉、程イク
- 関連武将(英雄時)▶高順、陳珪、陳登、呂玲綺

陳羣 チングン 知将
- 攻撃▶52 防御▶62 気力▶15
- 銭▶3000 コイン▶100
- 関連武将▶蒋済、鍾ヨウ
- 関連武将(英雄時)▶司馬懿、鍾ヨウ、蒋済、曹丕

陳珪 チンケイ 知将
- 攻撃▶78 防御▶64 気力▶15
- 銭▶6000 コイン▶200
- 関連武将▶孫乾、陳登
- 関連武将(英雄時)▶賈ク、孔融、孫乾、陳登

陳式 チンショク 猛将
- 攻撃▶63 防御▶56 気力▶25
- 銭▶3000 コイン▶100
- 関連武将▶魏延、高翔
- 関連武将(英雄時)▶鄂煥、霍峻、魏延、曹豹

陳泰 チンタイ 将軍
- 攻撃▶73 防御▶80 気力▶20
- 銭▶6000 コイン▶200
- 関連武将▶司馬師、司馬昭
- 関連武将(英雄時)▶司馬師、司馬昭、トウ艾、トウ忠

陳登 チントウ 知将
- 攻撃▶71 防御▶70 気力▶20
- 銭▶3000 コイン▶100
- 関連武将▶孫策、糜芳
- 関連武将(英雄時)▶孫策、陳宮、陳珪、劉備

陳到　チントウ　猛将
- 攻撃 ▶ 70　防御 ▶ 73　気力 ▶ 20
- 銭 ▶ 4500　コイン ▶ 200
- 関連武将 ▶ 趙雲、董和
- 関連武将(英雄時) ▶ 郭攸之、向寵、孫乾、董和

陳表　チンヒョウ　将軍
- 攻撃 ▶ 62　防御 ▶ 69　気力 ▶ 25
- 銭 ▶ 3000　コイン ▶ 100
- 関連武将 ▶ 顧譚、孫登
- 関連武将(英雄時) ▶ 諸葛恪、孫登、陸凱、留贊

陳武　チンブ　猛将
- 攻撃 ▶ 78　防御 ▶ 69　気力 ▶ 25
- 銭 ▶ 4500　コイン ▶ 100
- 関連武将 ▶ 董襲、潘璋
- 関連武将(英雄時) ▶ 蒋欽、孫尚香、董襲、潘璋

程イク　テイイク　知将
- 攻撃 ▶ 85　防御 ▶ 67　気力 ▶ 20
- 銭 ▶ 6000　コイン ▶ 200
- 関連武将 ▶ 郭嘉、鍾ヨウ
- 関連武将(英雄時) ▶ 賈ク、郭嘉、荀イク、徐庶

程普　テイフ　将軍
- 攻撃 ▶ 72　防御 ▶ 76　気力 ▶ 30
- 銭 ▶ 4500　コイン ▶ 200
- 関連武将 ▶ 韓当、黄蓋
- 関連武将(英雄時) ▶ 韓当、黄蓋、朱治、祖茂

程武　テイブ　知将
- 攻撃 ▶ 70　防御 ▶ 63　気力 ▶ 20
- 銭 ▶ ―　コイン ▶ ―
- 関連武将 ▶ 郭奕、程イク
- 関連武将(英雄時) ▶ 華キン、賈ク、程イク、劉曄

丁奉　テイホウ　猛将
- 攻撃 ▶ 70　防御 ▶ 76　気力 ▶ 15
- 銭 ▶ 3000　コイン ▶ 100
- 関連武将 ▶ 朱桓、徐盛
- 関連武将(英雄時) ▶ 朱然、徐盛、孫韶、孫尚香

典韋　テンイ　猛将
- 攻撃 ▶ 90　防御 ▶ 67　気力 ▶ 30
- 銭 ▶ 6000　コイン ▶ 200
- 関連武将 ▶ 于禁、許チョ、曹洪
- 関連武将(英雄時) ▶ 許チョ、夏侯惇、鄒氏、曹操

田豊　デンホウ　知将
- 攻撃 ▶ 82　防御 ▶ 74　気力 ▶ 15
- 銭 ▶ 4500　コイン ▶ 100
- 関連武将 ▶ 審配、沮授
- 関連武将(英雄時) ▶ 高覧、審配、荀イク、沮授

典満　テンマン　猛将
- 攻撃 ▶ 72　防御 ▶ 62　気力 ▶ 30
- 銭 ▶ ―　コイン ▶ ―
- 関連武将 ▶ 許儀、典韋
- 関連武将(英雄時) ▶ 夏侯恩、許チョ、曹昂、典韋

田予　デンヨ　将軍
- 攻撃 ▶ 67　防御 ▶ 76　気力 ▶ 20
- 銭 ▶ 3000　コイン ▶ 100
- 関連武将 ▶ 簡雍、公孫越
- 関連武将(英雄時) ▶ 簡雍、公孫越、曹彰、劉備

董允　トウイン　知将
- 攻撃 ▶ 67　防御 ▶ 72　気力 ▶ 15
- 銭 ▶ 3000　コイン ▶ 100
- 関連武将 ▶ 費イ、楊儀
- 関連武将(英雄時) ▶ 蒋エン、トウ芝、費イ、劉禅

董和　トウカ　知将
- 攻撃 ▶ 69　防御 ▶ 71　気力 ▶ 20
- 銭 ▶ 4500　コイン ▶ 200
- 関連武将 ▶ 郭攸之、陳到
- 関連武将(英雄時) ▶ 郭攸之、張松、董允、陳到

トウ艾　トウガイ　将軍
- 攻撃 ▶ 81　防御 ▶ 81　気力 ▶ 20
- 銭 ▶ 6000　コイン ▶ 200
- 関連武将 ▶ 鍾会、陳泰、トウ忠
- 関連武将(英雄時) ▶ 姜維、鍾会、陳泰、トウ忠

トウ芝　トウシ　知将
- 攻撃 ▶ 69　防御 ▶ 76　気力 ▶ 20
- 銭 ▶ 3000　コイン ▶ 100
- 関連武将 ▶ 黄権、趙雲
- 関連武将(英雄時) ▶ 王平、姜維、向寵、董允

董襲　トウシュウ　猛将
- 攻撃 ▶ 65　防御 ▶ 69　気力 ▶ 25
- 銭 ▶ 3000　コイン ▶ 100
- 関連武将 ▶ 陳武、潘璋
- 関連武将(英雄時) ▶ 虞翻、周泰、陳武、潘璋

武将データ 【チン～ハン 陳到～潘璋】

董卓 トウタク 将軍
攻撃▶98 防御▶70 気力▶15
銭▶7500 コイン▶300
関連武将▶華雄、貂蝉、李儒、呂布
関連武将(英雄時)▶華雄、貂蝉、李儒、呂布

トウ忠 トウチュウ 将軍
攻撃▶78 防御▶65 気力▶15
銭▶4500 コイン▶200
関連武将▶郭淮、姜維
関連武将(英雄時)▶鍾会、陳泰、トウ艾、文鴦

杜畿 トキ 知将
攻撃▶65 防御▶77 気力▶15
銭▶4500 コイン▶100
関連武将▶賈逵、張既
関連武将(英雄時)▶夏侯淵、賈逵、張既、杜預

杜氏 トジ 将軍
攻撃▶32 防御▶78 気力▶20
銭▶― コイン▶100
関連武将▶関羽、関銀屏
関連武将(英雄時)▶関羽、関銀屏、曹操、呂布

杜預 トヨ 将軍
攻撃▶71 防御▶77 気力▶20
銭▶7500 コイン▶200
関連武将▶王濬、羊コ
関連武将(英雄時)▶王濬、周旨、杜畿、羊コ

馬雲リョク バウンリョク 猛将
攻撃▶80 防御▶75 気力▶25
銭▶4500 コイン▶200
関連武将▶曹彰、趙雲、樊氏
関連武将(英雄時)▶趙雲、馬岱、馬超、馬騰

馬休 バキュウ 猛将
攻撃▶64 防御▶61 気力▶20
銭▶4500 コイン▶100
関連武将▶馬岱、馬超、馬鉄
関連武将(英雄時)▶韓遂、馬鉄、馬騰、楊氏

馬謖 バショク 知将
攻撃▶81 防御▶65 気力▶35
銭▶4500 コイン▶100
関連武将▶王平、姜維、馬良
関連武将(英雄時)▶伊籍、王平、姜維、馬良

馬岱 バタイ 猛将
攻撃▶80 防御▶77 気力▶35
銭▶4500 コイン▶100
関連武将▶関平、馬超、李恢
関連武将(英雄時)▶魏延、馬雲リョク、馬超、楊儀

馬忠 バチュウ 将軍
攻撃▶71 防御▶71 気力▶20
銭▶3000 コイン▶100
関連武将▶黄権、張翼
関連武将(英雄時)▶王平、祝融、李恢、張翼

馬超 バチョウ 猛将
攻撃▶93 防御▶74 気力▶25
銭▶6000 コイン▶200
関連武将▶許チョ、張飛、李恢
関連武将(英雄時)▶張飛、馬雲リョク、馬岱、李恢

馬鉄 バテツ 将軍
攻撃▶62 防御▶63 気力▶20
銭▶4500 コイン▶100
関連武将▶馬休、馬岱、馬超
関連武将(英雄時)▶韓遂、馬休、馬騰、楊氏

馬騰 バトウ 将軍
攻撃▶80 防御▶73 気力▶15
銭▶4500 コイン▶100
関連武将▶成公英、馬雲リョク、馬超
関連武将(英雄時)▶馬雲リョク、馬岱、馬超、尨徳

馬良 バリョウ 知将
攻撃▶73 防御▶80 気力▶30
銭▶4500 コイン▶100
関連武将▶伊籍、沙摩柯、糜竺
関連武将(英雄時)▶伊籍、沙摩柯、諸葛亮、馬謖

樊氏 ハンシ 知将
攻撃▶51 防御▶78 気力▶15
銭▶6000 コイン▶200
関連武将▶鄒氏、趙雲
関連武将(英雄時)▶徐氏、鄒氏、趙雲、馬雲リョク

潘璋 ハンショウ 猛将
攻撃▶70 防御▶75 気力▶30
銭▶3000 コイン▶100
関連武将▶王甫、趙累
関連武将(英雄時)▶吾粲、朱然、陳武、董襲

潘鳳 ハンポウ 猛将
攻撃▶63 防御▶46 気力▶20
銭▶― コイン▶―
関連武将▶華雄、韓馥
関連武将(英雄時)▶華雄、韓馥、徐晃、曹洪

費イ ヒイ 知将
攻撃▶70 防御▶73 気力▶25
銭▶4500 コイン▶100
関連武将▶蒋エン、董允
関連武将(英雄時)▶蒋エン、向寵、董允、楊儀

糜氏 ビシ 知将
攻撃▶61 防御▶63 気力▶30
銭▶― コイン▶100
関連武将▶糜芳、劉禅
関連武将(英雄時)▶糜竺、劉禅、劉禅、劉備

糜竺 ビジク 知将
攻撃▶63 防御▶65 気力▶30
銭▶3000 コイン▶100
関連武将▶簡雍、陳登
関連武将(英雄時)▶孫乾、糜氏、糜芳、劉備

糜芳 ビホウ 将軍
攻撃▶33 防御▶21 気力▶20
銭▶4500 コイン▶100
関連武将▶陳登、曹豹
関連武将(英雄時)▶曹豹、糜氏、糜竺、傅士仁

武安国 ブアンコク 猛将
攻撃▶60 防御▶50 気力▶25
銭▶― コイン▶―
関連武将▶太史慈、穆順
関連武将(英雄時)▶太史慈、方悦、穆順、呂布

馮習 フウシュウ 猛将
攻撃▶67 防御▶65 気力▶25
銭▶3000 コイン▶100
関連武将▶張南、傅トウ
関連武将(英雄時)▶霍弋、張南、傅トウ、羅憲

傅士仁 フジン 将軍
攻撃▶32 防御▶18 気力▶15
銭▶4500 コイン▶100
関連武将▶虞翻、糜芳
関連武将(英雄時)▶王甫、虞翻、趙累、糜芳

傅僉 フセン 猛将
攻撃▶77 防御▶73 気力▶25
銭▶4500 コイン▶100
関連武将▶夏侯覇、姜維、蒋舒
関連武将(英雄時)▶夏侯覇、姜維、蒋舒、傅トウ

傅トウ フトウ 猛将
攻撃▶71 防御▶62 気力▶25
銭▶3000 コイン▶100
関連武将▶張南、馮習
関連武将(英雄時)▶張南、陳到、馮習、傅僉

文鴦 ブンオウ 猛将
攻撃▶80 防御▶69 気力▶15
銭▶3000 コイン▶100
関連武将▶司馬師、趙雲
関連武将(英雄時)▶カン丘倹、諸葛誕、趙雲、文欽

文欽 ブンキン 猛将
攻撃▶74 防御▶65 気力▶25
銭▶4500 コイン▶100
関連武将▶カン丘倹、文鴦
関連武将(英雄時)▶カン丘倹、諸葛恪、諸葛誕、文鴦

文醜 ブンシュウ 猛将
攻撃▶89 防御▶68 気力▶15
銭▶6000 コイン▶100
関連武将▶顔良、公孫サン、田豊
関連武将(英雄時)▶関羽、顔良、公孫サン、高覧

文聘 ブンペイ 将軍
攻撃▶72 防御▶80 気力▶15
銭▶4500 コイン▶100
関連武将▶カイ越、黄祖
関連武将(英雄時)▶カイ越、カク昭、夏侯尚、満寵

卞氏 ベンシ 知将
攻撃▶66 防御▶77 気力▶15
銭▶4500 コイン▶100
関連武将▶曹植、曹丕
関連武将(英雄時)▶甄氏、曹彰、曹植、曹丕

方悦 ホウエツ 将軍
攻撃▶65 防御▶65 気力▶20
銭▶― コイン▶―
関連武将▶王匡、武安国
関連武将(英雄時)▶王匡、武安国、穆順、呂布

武将データ 【ハン～ヨウ 潘鳳～楊修】

ホウ会 ホウカイ 猛将
- 攻撃▶70 防御▶67 気力▶25
- 銭▶— コイン▶—
- 関連武将▶関彝、ホウ徳
- 関連武将(英雄時)▶于禁、関羽、関興、ホウ徳

鮑三娘 ホウサンジョウ 猛将
- 攻撃▶72 防御▶75 気力▶20
- 銭▶6000 コイン▶200
- 関連武将▶関索、樊氏
- 関連武将(英雄時)▶花鬘、関索、沙摩柯、樊氏

鮑信 ホウシン 将軍
- 攻撃▶72 防御▶66 気力▶20
- 銭▶— コイン▶—
- 関連武将▶于禁、満寵
- 関連武将(英雄時)▶于禁、許チョ、曹操、満寵

法正 ホウセイ 知将
- 攻撃▶89 防御▶75 気力▶15
- 銭▶4500 コイン▶200
- 関連武将▶厳顔、黄忠、孟達
- 関連武将(英雄時)▶厳顔、黄忠、張松、孟達

ホウ統 ホウトウ 知将
- 攻撃▶92 防御▶70 気力▶15
- 銭▶6000 コイン▶200
- 関連武将▶簡雍、徐庶、糜竺
- 関連武将(英雄時)▶諸葛亮、徐庶、張任、張飛

ホウ徳 ホウトク 知将
- 攻撃▶87 防御▶80 気力▶15
- 銭▶7500 コイン▶100
- 関連武将▶閻行、関羽、成公英
- 関連武将(英雄時)▶于禁、閻行、馬超、成公英

穆順 ボクジュン 猛将
- 攻撃▶65 防御▶41 気力▶25
- 銭▶— コイン▶—
- 関連武将▶高順、方悦
- 関連武将(英雄時)▶高順、武安国、方悦、呂布

歩隲 ホシツ 知将
- 攻撃▶72 防御▶58 気力▶15
- 銭▶4500 コイン▶100
- 関連武将▶虞翻、顧雍
- 関連武将(英雄時)▶諸葛瑾、厳シュン、張承、陸績

満寵 マンチョウ 知将
- 攻撃▶64 防御▶81 気力▶30
- 銭▶6000 コイン▶200
- 関連武将▶徐晃、臧覇
- 関連武将(英雄時)▶徐晃、曹仁、文聘、劉曄

孟獲 モウカク 将軍
- 攻撃▶80 防御▶64 気力▶25
- 銭▶3000 コイン▶100
- 関連武将▶沙摩柯、祝融、諸葛亮
- 関連武将(英雄時)▶祝融、諸葛亮、李恢、李厳

孟公威 モウコウイ 猛将
- 攻撃▶36 防御▶80 気力▶20
- 銭▶— コイン▶300
- 関連武将▶黄小玉、徐庶
- 関連武将(英雄時)▶黄小玉、諸葛亮、徐庶、石広元

孟達 モウタツ 将軍
- 攻撃▶68 防御▶66 気力▶25
- 銭▶4500 コイン▶100
- 関連武将▶法正、李厳
- 関連武将(英雄時)▶霍峻、夏侯尚、張松、法正

楊儀 ヨウギ 知将
- 攻撃▶69 防御▶51 気力▶20
- 銭▶4500 コイン▶100
- 関連武将▶魏延、蒋琬
- 関連武将(英雄時)▶魏延、高翔、蒋エン、費イ

羊コ ヨウコ 将軍
- 攻撃▶65 防御▶84 気力▶15
- 銭▶3000 コイン▶100
- 関連武将▶辛憲英、陸抗
- 関連武将(英雄時)▶王濬、司馬昭、杜預、陸抗

楊氏 ヨウシ 猛将
- 攻撃▶71 防御▶49 気力▶20
- 銭▶— コイン▶100
- 関連武将▶王異、趙娥
- 関連武将(英雄時)▶馬雲リョク、馬超、趙娥、楊阜

楊修 ヨウシュウ 知将
- 攻撃▶68 防御▶36 気力▶15
- 銭▶3000 コイン▶100
- 関連武将▶王粲、蒋幹
- 関連武将(英雄時)▶王粲、蒋幹、曹植、張松

楊阜 ヨウフ 知将	雷銅 ライドウ 猛将
攻撃▶73 防御▶68 気力▶15	攻撃▶70 防御▶60 気力▶25
銭▶4500 コイン▶200	銭▶4500 コイン▶100
関連武将▶王異、韓遂	関連武将▶高翔、呉蘭
関連武将(英雄時)▶王異、韓遂、楊氏、劉曄	関連武将(英雄時)▶呉懿、呉蘭、張任、張苞

駱統 ラクトウ 将軍	羅憲 ラケン 猛将
攻撃▶69 防御▶71 気力▶25	攻撃▶69 防御▶83 気力▶20
銭▶4500 コイン▶100	銭▶7500 コイン▶200
関連武将▶朱然、凌統	関連武将▶霍弋、劉シン
関連武将(英雄時)▶吾粲、朱拠、孫桓、凌統	関連武将(英雄時)▶王伉、霍弋、劉シン、呂凱

李恢 リカイ 将軍	陸凱 リクガイ 知将
攻撃▶64 防御▶76 気力▶25	攻撃▶68 防御▶73 気力▶15
銭▶4500 コイン▶200	銭▶4500 コイン▶200
関連武将▶馬忠、馬超	関連武将▶張紘、陸抗
関連武将(英雄時)▶馬岱、馬忠、馬超、張嶷	関連武将(英雄時)▶宋謙、張紘、張悌、陸抗

陸抗 リクコウ 将軍	陸績 リクセキ 知将
攻撃▶63 防御▶85 気力▶15	攻撃▶53 防御▶57 気力▶15
銭▶3000 コイン▶100	銭▶3000 コイン▶100
関連武将▶羊コ、陸遜	関連武将▶虞翻、歩隲
関連武将(英雄時)▶孫桓、歩隲、羊コ、陸遜	関連武将(英雄時)▶虞翻、顧雍、ホウ統、陸抗

陸遜 リクソン 知将	李厳 リゲン 将軍
攻撃▶88 防御▶95 気力▶20	攻撃▶76 防御▶76 気力▶35
銭▶6000 コイン▶200	銭▶3000 コイン▶100
関連武将▶カン沢、凌統、呂蒙	関連武将▶呉懿、孟達
関連武将(英雄時)▶カン沢、韓当、朱桓、呂蒙	関連武将(英雄時)▶黄権、諸葛亮、馬忠、孟達

李儒 リジュ 知将	李通 リツウ 猛将
攻撃▶86 防御▶53 気力▶15	攻撃▶67 防御▶68 気力▶15
銭▶6000 コイン▶200	銭▶3000 コイン▶100
関連武将▶華キン、程イク	関連武将▶温恢、蒋済
関連武将(英雄時)▶華キン、程イク、貂蝉、董卓	関連武将(英雄時)▶温恢、朱霊、典韋、典偉

李典 リテン 将軍	李豊 リホウ 将軍
攻撃▶72 防御▶71 気力▶30	攻撃▶56 防御▶72 気力▶25
銭▶4500 コイン▶200	銭▶— コイン▶—
関連武将▶楽進、李通	関連武将▶蒋エン、李厳
関連武将(英雄時)▶温恢、楽進、張遼、李通	関連武将(英雄時)▶蒋エン、向寵、孟達、李厳

留賛 リュウサン 猛将	劉シン リュウシン 将軍
攻撃▶72 防御▶68 気力▶20	攻撃▶70 防御▶70 気力▶15
銭▶4500 コイン▶100	銭▶3000 コイン▶100
関連武将▶孫晈、凌統	関連武将▶黄月英、孫尚香、張任、劉禅
関連武将(英雄時)▶賈華、孫晈、陳表、凌統	関連武将(英雄時)▶黄月英、孫尚香、張任、劉禅

武将データ 【ヨウ〜ロシ、楊阜〜盧植】

劉禅 リュウゼン [将軍]
- 攻撃▶20　防御▶20　気力▶15
- 銭▶3000　コイン▶100
- 関連武将▶花鬘、向寵、董允、劉シン
- 関連武将(英雄時)▶黄月英、孫尚香、糜氏、劉シン

劉岱 リュウタイ [将軍]
- 攻撃▶63　防御▶48　気力▶20
- 銭▶―　コイン▶―
- 関連武将▶王忠、橋瑁
- 関連武将(英雄時)▶王忠、曹豹、張飛、鮑信

劉備 リュウビ [将軍]
- 攻撃▶75　防御▶75　気力▶40
- 銭▶7500　コイン▶200
- 関連武将▶関羽、張飛、盧植
- 関連武将(英雄時)▶関羽、簡雍、諸葛亮、張飛

劉馥 リュウフク [知将]
- 攻撃▶64　防御▶81　気力▶20
- 銭▶4500　コイン▶200
- 関連武将▶温恢、楊阜
- 関連武将(英雄時)▶韓浩、国淵、孫観、楊阜

劉封 リュウホウ [将軍]
- 攻撃▶75　防御▶65　気力▶30
- 銭▶4500　コイン▶100
- 関連武将▶関平、糜竺、糜芳
- 関連武将(英雄時)▶関平、糜竺、糜芳、孟達

劉曄 リュウヨウ [知将]
- 攻撃▶82　防御▶68　気力▶15
- 銭▶7500　コイン▶200
- 関連武将▶戯志才、曹叡
- 関連武将(英雄時)▶戯志才、蒋済、楊阜、呂虔

廖化 リョウカ [将軍]
- 攻撃▶66　防御▶62　気力▶30
- 銭▶4500　コイン▶100
- 関連武将▶関平、周倉
- 関連武将(英雄時)▶王甫、関平、周倉、張翼

凌統 リョウトウ [猛将]
- 攻撃▶80　防御▶74　気力▶25
- 銭▶6000　コイン▶200
- 関連武将▶韓当、甘寧、陳武
- 関連武将(英雄時)▶甘寧、朱桓、陳武、陸遜

呂凱 リョガイ [知将]
- 攻撃▶62　防御▶73　気力▶20
- 銭▶4500　コイン▶100
- 関連武将▶王伉、李恢
- 関連武将(英雄時)▶王伉、郭攸之、霍弋、羅憲

呂虔 リョケン [将軍]
- 攻撃▶70　防御▶63　気力▶20
- 銭▶3000　コイン▶100
- 関連武将▶王祥、劉曄
- 関連武将(英雄時)▶王祥、辛敞、辛ピ、劉曄

呂範 リョハン [将軍]
- 攻撃▶62　防御▶61　気力▶20
- 銭▶4500　コイン▶100
- 関連武将▶朱治、孫瑜
- 関連武将(英雄時)▶賀斉、呉国太、朱治、孫瑜

呂布 リョフ [???]
- 攻撃▶???　防御▶???　気力▶???
- 銭▶???　コイン▶???
- 関連武将▶???
- 関連武将(英雄時)▶???

呂蒙 リョモウ [将軍]
- 攻撃▶75　防御▶85　気力▶20
- 銭▶6000　コイン▶200
- 関連武将▶蒋欽、陸遜、魯粛
- 関連武将(英雄時)▶吾粲、蒋欽、陸遜、魯粛

呂玲綺 リョレイキ [猛将]
- 攻撃▶81　防御▶70　気力▶20
- 銭▶4500　コイン▶100
- 関連武将▶高順、陳宮、馬雲リョク
- 関連武将(英雄時)▶花鬘、高順、陳宮、鮑三娘

魯粛 ロシュク [知将]
- 攻撃▶63　防御▶85　気力▶35
- 銭▶6000　コイン▶200
- 関連武将▶周瑜、諸葛瑾、張昭
- 関連武将(英雄時)▶周瑜、諸葛瑾、孫権、呂蒙

盧植 ロショク [知将]
- 攻撃▶67　防御▶71　気力▶25
- 銭▶4500　コイン▶100
- 関連武将▶皇甫嵩、朱儁
- 関連武将(英雄時)▶公孫サン、皇甫嵩、朱儁、劉備

アイテムデータ

ここでは計略や装備などのアイテムデータを網羅しよう。

アイテムデータの見方

		❶	❷	❸	❹
	金丹	5000	200	ボス武将との戦闘で使うと体力が一定値回復する

❶	アイテム名	アイテムの名前
❷	銭	そのアイテムを銭で購入する際の価格
❸	コイン	そのアイテムをコインで購入する際の価格

※銭もコインも記載がないアイテムは、クエストやエピソード、キャンペーンなどを通じて入手する。また、過去のキャンペーンアイテムなど、贈り物以外では入手不可能なものもある。

❹	効果	アイテムの効果

アイテムデータ

アイテム名	銭	コイン	効果
名将の心得	—	200	覚醒した武将を再び強化可能にする
英雄の閃き	—	350	5回覚醒した武将をさらに強化可能な英雄状態にする
英雄の心得	—	350	覚醒した英雄状態の武将を再び強化可能にする
金丹	5000	200	ボス武将との戦闘で使うと体力が一定値回復する
猛将の美酒	1000	30	猛将タイプの武将の気力を回復させる
知将の美酒	1000	30	知将タイプの武将の気力を回復させる
将軍の美酒	1000	30	将軍タイプの武将の気力を回復させる
偽兵の計略書	7500	200	8時間の間、他君主に自分の防御部隊数を1.5倍に見せる
空城の計略書	7500	200	8時間の間、他君主に自分の防御部隊数を2分の1に見せる

アイテムデータ

	アイテム名	銭	コイン	効果
	伏兵の計略書	—	300	1度だけ、他君主からの攻撃に無条件で勝利する
	部隊回復の書	—	200	全部隊を回復させる
	○○の指南書	3000～7500	100～300	親交の深い武将に与えることで、能力を強化できる
	眉尖刀	500	—	武将の攻撃力+1
	呉鉤	950	—	武将の攻撃力+2
	流星鎚	1850	—	武将の攻撃力+4
	大刀	3650	—	武将の攻撃力+8
	鉄鞭	—	100	武将の攻撃力+10
	百辟刀	—	—	武将の攻撃力+15
	三尖刀	—	—	武将の攻撃力+12
	古錠刀	—	—	武将の攻撃力+14
	雌雄一対の剣	—	—	武将の攻撃力+14
	方天画戟	—	—	攻撃力+28
	七星宝刀	—	—	攻撃力+24
	斬蛇の剣	—	180 ※1	武将の攻撃力+20
	皮甲	500	—	武将の防御力+1
	胸甲	950	—	武将の防御力+2
	歩兵甲	1850	—	武将の防御力+4
	鎖子甲	3650	—	武将の防御力+8

※1　年末年始キャンペーンで販売

	アイテム名	銭	コイン	効果
	銅札甲	—	100	武将の防御力+10
	環鎖鎧	—	—	武将の防御力+12
	金剛鎧	—	180 ※1	武将の防御力+20
	栗毛馬	—	—	武将の攻撃・防御が+1
	鹿毛馬	—	—	武将の攻撃・防御が+2
	白馬	—	—	武将の攻撃・防御が+3
	涼州馬	—	—	武将の攻撃・防御が+4
	大宛馬	—	100	武将の攻撃・防御が+5
	汗血馬	—	180 ※1	武将の攻撃・防御が+10
	絶影※2	—	—	武将の攻撃・防御が+12
	赤兎馬	—	—	武将の攻撃・防御が+13
	求猛の計略書・初級1	9000	300	猛将を配下にできる。既に配下にいる場合は指南書を獲得
	求猛の計略書・初級2	9000	300	猛将を配下にできる。既に配下にいる場合は指南書を獲得
	求猛の計略書・初級3	9000	300	猛将を配下にできる。既に配下にいる場合は指南書を獲得
	求猛の計略書・中級1	—	400	猛将を配下にできる。既に配下にいる場合は指南書を獲得
	求猛の計略書・中級2	—	400	猛将を配下にできる。既に配下にいる場合は指南書を獲得
	求猛の計略書・中級3	—	400	猛将を配下にできる。既に配下にいる場合は指南書を獲得
	求猛の計略書・上級1	—	500	猛将を配下にできる。既に配下にいる場合は指南書を獲得
	求猛の計略書・上級2	—	500	猛将を配下にできる。既に配下にいる場合は指南書を獲得

※1 年末年始キャンペーンで販売
※2 β版参加者に配布

アイテム名	銭	コイン	効果
求猛の計略書・上級3	—	500	猛将を配下にできる。既に配下にいる場合は指南書を獲得
求賢の計略書・初級1	9000	300	知将を配下にできる。既に配下にいる場合は指南書を獲得
求賢の計略書・初級2	9000	300	知将を配下にできる。既に配下にいる場合は指南書を獲得
求賢の計略書・初級3	9000	300	知将を配下にできる。既に配下にいる場合は指南書を獲得
求賢の計略書・中級1	—	400	知将を配下にできる。既に配下にいる場合は指南書を獲得
求賢の計略書・中級2	—	400	知将を配下にできる。既に配下にいる場合は指南書を獲得
求賢の計略書・中級3	—	400	知将を配下にできる。既に配下にいる場合は指南書を獲得
求賢の計略書・上級1	—	500	知将を配下にできる。既に配下にいる場合は指南書を獲得
求賢の計略書・上級2	—	500	知将を配下にできる。既に配下にいる場合は指南書を獲得
求賢の計略書・上級3	—	500	知将を配下にできる。既に配下にいる場合は指南書を獲得
求将の計略書・初級1	9000	300	将軍を配下にできる。既に配下にいる場合は指南書を獲得
求将の計略書・初級2	9000	300	将軍を配下にできる。既に配下にいる場合は指南書を獲得
求将の計略書・初級3	9000	300	将軍を配下にできる。既に配下にいる場合は指南書を獲得
求将の計略書・中級1	—	400	将軍を配下にできる。既に配下にいる場合は指南書を獲得
求将の計略書・中級2	—	400	将軍を配下にできる。既に配下にいる場合は指南書を獲得
求将の計略書・中級3	—	400	将軍を配下にできる。既に配下にいる場合は指南書を獲得
求将の計略書・上級1	—	500	将軍を配下にできる。既に配下にいる場合は指南書を獲得
求将の計略書・上級2	—	500	将軍を配下にできる。既に配下にいる場合は指南書を獲得
求将の計略書・上級3	—	500	将軍を配下にできる。既に配下にいる場合は指南書を獲得

アイテムデータ

武将コレクションデータ

特定の武将を集めると完成する武将コレクションで報酬を集めよう。

コレクションデータの見方

❶	❷	❸	❹
001	桃園結義	関羽、張飛、劉備	名将の心得

- ❶ **No.** コレクションナンバー。収集状況はゲーム内でも確認可能
- ❷ **名前** その武将コレクションのタイトル名
- ❸ **必要武将** その武将コレクションを完成させるのに必要な武将の名前
- ❹ **報酬アイテム** その武将コレクションを完成したときに獲得できるアイテム

コレクションデータ

No.	名前	必要武将	報酬アイテム
001	桃園結義	関羽、張飛、劉備	名将の心得
002	蜀の五虎将	関羽、黄忠、趙雲、張飛、馬超	雌雄一対の剣
003	魏の五将	于禁、楽進、徐晃、張コウ、張遼	百辟刀
004	馬氏の五常	馬謖、馬良	空城の計略書
005	断金之交	周瑜、孫策	名将の心得
006	水魚之交	諸葛亮、劉備	伏兵の計略書
007	陸羊之交	羊コ、陸抗	部隊回復の書
008	傾城傾国	甄氏、鄒氏、貂蝉	伏兵の計略書
009	伏龍鳳雛	諸葛亮、ホウ統	伏兵の計略書
010	良禽択木	徐晃、満寵	金丹
011	曹操四天王	夏侯惇、夏侯淵、曹仁、曹洪	名将の心得
012	古参の将	韓当、黄蓋、程普	鉄鞭
013	桃園次代	関興、張苞	銅札甲
014	二喬	小喬、大喬	部隊回復の書

武将コレクションデータ

No.	名前	必要武将	報酬アイテム
015	曹操護衛者	許チョ、典韋	銅札甲
016	関羽随従	関平、周倉、廖化	部隊回復の書
017	蜀の滅亡	姜維、鍾会、トウ艾、トウ忠、劉シン	名将の心得
018	反司馬氏	カン丘倹、諸葛誕、文鴦	偽兵の計略書
019	長坂坡	趙雲、糜氏、劉禅	大宛馬
020	花関索伝	花鬘、関索、鮑三娘	大刀
021	孫夫人一喝	孫尚香、陳武、潘璋、徐盛、丁奉	部隊回復の書
022	弁舌の士	簡雍、蒋幹、李恢	空城の計略書
023	魏の軍師	賈ク、郭嘉、荀イク、荀攸、程イク	部隊回復の書
024	呉の軍師	周瑜、陸遜、呂蒙、魯粛	部隊回復の書
025	虎の血筋	孫堅、孫権、孫策、孫尚香	古錠刀
026	袁紹軍双璧	顔良、文醜	鎖子甲
027	袁紹軍軍師	審配、沮授、田豊	偽兵の計略書
028	蜀科	伊籍、諸葛亮、法正、李厳	伏兵の計略書
029	詩人	蔡エン、曹植、曹操、曹丕	部隊回復の書
030	洛神賦	甄氏、曹植、	金丹
031	剣舞	甘寧、魏延、張任、凌統、劉封	名将の心得
032	賢妻才女	王異、黄月英、蔡エン、辛憲英、卞氏	部隊回復の書
033	南蛮王族	花鬘、祝融、孟獲	金丹
034	文帝友人	曹真、陳泰、孟達	金丹
035	華陀診察	関羽、周泰、曹操、陳登、董襲	部隊回復の書
036	小覇王旗揚	周泰、蒋欽、太史慈、張昭	名将の心得
037	碧眼児旗揚	朱桓、諸葛瑾、徐盛、丁奉、魯粛	名将の心得
038	曹操族子	曹休、曹真	金丹
039	糜一族	糜氏、糜竺、糜芳	金丹

No.	名前	必要武将	報酬アイテム
040	司馬一族	司馬懿、司馬師、司馬昭、張春華	部隊回復の書
041	諸葛一族	諸葛恪、諸葛瑾、諸葛誕、諸葛亮	部隊回復の書
042	夏侯一族	夏侯淵、夏侯惇、夏侯覇、夏侯令女	名将の心得
043	馬騰一族	馬雲リョク、馬岱、馬超、馬騰	名将の心得
044	董卓軍	華雄、董卓、李儒、呂布	伏兵の計略書
045	劉璋軍	厳顔、呉懿、張任、李厳	偽兵の計略書
046	黄巾討伐軍	皇甫嵩、朱儁、盧植	名将の心得
047	呂布軍	高順、張遼、陳宮、呂布	赤兎馬
048	呂布親子	呂布、呂玲綺	方天画戟
049	カイ良兄弟	カイ越、カイ良	金丹
050	王允親子	王允、貂蝉	伏兵の計略書
051	鍾ヨウ親子	鍾会、鍾ヨウ	金丹
052	朱治親子	朱然、朱治	鎖子甲
053	文欽親子	文鴦、文欽	大刀
054	全ソウ夫婦	全ソウ、孫魯班	金丹
055	曹操夫婦	曹操、卞氏	部隊回復の書
056	曹丕夫婦	曹丕、甄氏	金丹
057	孫策夫婦	孫策、大喬	金丹
058	周瑜夫婦	周瑜、小喬	偽兵の計略書
059	司馬懿夫婦	司馬懿、張春華	部隊回復の書
060	卞氏の子	曹彰、曹植、曹丕	金丹
061	コ家一族	孫桓、孫韶	金丹
062	呉懿一族	呉懿、呉班	金丹
063	呉の四姓	顧雍、朱桓、朱拠、陸績、陸抗	名将の心得
064	蜀の四相	蒋エン、諸葛亮、董允、費イ	部隊回復の書

No.	名前	必要武将	報酬アイテム
065	鄂煥捕縛	王平、鄂煥、魏延、張翼	大刀
066	魏延討伐	魏延、馬岱、楊儀	大刀
067	祝融夫人活躍	祝融、張嶷、馬忠	鎖子甲
068	濡須口守将	徐盛、孫韶、丁奉	大刀
069	後方支援	賈逵、張既、杜畿	金丹
070	麦城死闘	王甫、関平、周倉、趙累	名将の心得
071	葭萌関の守将	霍峻、孟達	空城の計略書
072	長安守備	夏侯淵、張既	偽兵の計略書
073	山越討伐	賀斉、黄蓋、凌統	鉄鞭
074	籠城戦	霍峻、カク昭、文聘	環鎖鎧
075	官渡投降	高覧、張コウ	金丹
076	江陵の戦い	曹洪、曹純、曹仁、牛金	名将の心得
077	石亭の戦い	賈逵、周魴、曹休	伏兵の計略書
078	街亭の戦い	王平、高翔、馬謖	伏兵の計略書
079	赤壁降伏派	虞翻、張昭、歩隲、陸績	空城の計略書
080	苦肉の計	カン沢、黄蓋、周瑜	銅札甲
081	人質交換	夏侯尚、陳式	金丹
082	出師の表	向寵、董允、費イ	金丹
083	鶏肋	楊修、夏侯惇	空城の計略書
084	偽筆	徐庶、程イク	偽兵の計略書
085	禅譲催促	華キン、曹休、曹洪	伏兵の計略書
086	甘寧保護	甘寧、蘇飛、	大刀
087	未亡人	夏侯令女、鄒氏、樊氏	部隊回復の書
088	舌鋒の士	カン沢、トウ芝、李恢	空城の計略書
089	風紀問答	郭嘉、陳羣	偽兵の計略書

武将コレクションデータ

No.	名前	必要武将	報酬アイテム
090	宝剣所持者	王允、夏侯恩	金丹
091	馬相	伊籍、カイ越	涼州馬
092	劉璋軍先鋒	呉蘭、雷銅	鹿毛馬
093	劉璋忠臣	黄権、張任	金丹
094	公孫サン軍	公孫越、公孫サン、田予	白馬
095	北伐魏軍	王双、郭淮、曹真、孫礼	偽兵の計略書
096	韓遂軍	閻行、成公英	涼州馬
097	合肥防衛軍	温恢、楽進、蒋済、張遼、李典	名将の心得
098	陶謙軍配下	臧覇、曹豹、陳登、糜竺、糜芳	空城の計略書
099	郭嘉親子	郭嘉、郭奕	金丹
100	楽進親子	楽進、楽チン	名将の心得
101	関興親子	関興、関彝、関統	大刀
102	許チョ親子	許チョ、許儀	金丹
103	公孫サン親子	公孫サン、公孫続	白馬
104	孫朗兄妹	孫朗、孫尚香	名将の心得
105	太史慈親子	太史慈、太史享	金丹
106	張遼親子	張遼、張虎	名将の心得
107	趙雲親子	趙雲、趙広、趙統	空城の計略書
108	程イク親子	程イク、程武	伏兵の計略書
109	典韋親子	典韋、典満	鎖子甲
110	ホウ徳親子	ホウ徳、ホウ会	偽兵の計略書
111	李厳親子	李厳、李豊	金丹
112	関羽の子	関平、関興、関索、関銀屏	名将の心得
113	関三小姐	関銀屏、張飛、趙雲、廖化、李恢	英雄の閃き
114	杜氏争奪	関羽、曹操、杜氏	英雄の心得

No.	名前	必要武将	報酬アイテム
115	烈女	王異、夏侯令女、祝融、徐氏、趙娥	名将の心得
116	馬超夫婦	馬超、楊氏	涼州馬
117	呉討伐戦・晋	王渾、王濬、胡奮、周旨、杜預	名将の心得
118	呉討伐戦・呉	吾彦、諸葛セイ、沈瑩、孫震、張悌	英雄の心得
119	対呉戦線王氏	王基、王昶、王リョウ	金丹
120	諸葛瑾朋友	厳シュン、諸葛瑾、孫皎、張承、歩隲	伏兵の計略書
121	太子と四友	顧譚、諸葛恪、孫登、張休、陳表	部隊回復の書
122	泰山戦友	臧覇、孫観	英雄の閃き
123	劉備の使者	伊籍、簡雍、孫乾、糜竺	大刀
124	関羽討伐戦	虞翻、蒋欽、孫皎、陸遜、呂蒙	部隊回復の書
125	二張	張紘、張昭	部隊回復の書
126	益州劉備派	張松、法正、孟達	鎖子甲
127	陳珪親子	陳珪、陳登	伏兵の計略書
128	関羽敵視	糜芳、傅士仁、孟達、劉封	金丹
129	冀城奪還	王異、楊氏、楊阜	空城の計略書
130	永昌籠城	王伉、呂凱	古錠刀
131	孫権護衛	賈華、宋謙、太史慈	鎖子甲
132	降伏拒否	霍弋、羅憲	白馬
133	屯田	韓浩、国淵、トウ艾、劉馥	金丹
134	姜維の懐刀	姜維、蒋舒、傅僉	空城の計略書
135	辛ピ親子	辛憲英、辛敞、辛ピ	大刀
136	無念の馬騰	馬休、馬鉄、馬騰	空城の計略書
137	不屈の群雄	韓遂、張燕、張繡	伏兵の計略書
138	夷陵の蜀将	張南、馮習、傅トウ	英雄の心得
139	呉の陸家	陸凱、陸抗、陸績、陸遜	偽兵の計略書

ランダム獲得武将

ランダム獲得武将とは、地方統一や獲得計略書などで入手できる武将だ。

ランダム獲得武将データの見方

河南郡統一	羊コ	陸抗	陳泰	司馬昭
	司馬師	文鴦	—	—

- ❶ **獲得方法** 武将を獲得する方法。各地方統一のほか、計略書を使用した場合に獲得できる。キャンペーン計略書など、期間限定のアイテムもある。
- ❷ **獲得武将** 獲得できる武将。この中から確率で獲得するが、上段左が一番獲得確率が高く、下段右が一番獲得確率が低い。

ランダム獲得武将データ

獲得方法	獲得武将			
河南郡統一	羊コ	陸抗	陳泰	司馬昭
	司馬師	文鴦	—	—
弘農郡統一	陸抗	陳泰	司馬昭	司馬師
	文鴦	辛憲英	—	—
河東郡統一	陳泰	司馬昭	司馬師	文鴦
	辛憲英	卞氏	—	—
京兆郡統一	司馬昭	司馬師	文鴦	辛憲英
	卞氏	劉備	—	—
陳留郡統一	司馬師	文鴦	辛憲英	卞氏
	劉備	関羽	—	—
沛国統一	文鴦	辛憲英	卞氏	劉備
	関羽	華雄	—	—
山陽郡統一	辛憲英	卞氏	劉備	関羽
	華雄	李儒	—	—
琅邪国統一	卞氏	劉備	関羽	華雄
	李儒	カイ良	—	—
ショウ郡統一	劉備	関羽	華雄	李儒
	カイ良	カイ越	—	—
穎川郡統一	関羽	華雄	李儒	カイ良
	カイ越	張飛	—	—
南陽郡統一	華雄	李儒	カイ良	カイ越
	張飛	荀イク	—	—
汝南郡統一	李儒	カイ良	カイ越	張飛
	荀イク	陳登	—	—
彭城国統一	カイ良	カイ越	張飛	荀イク
	陳登	徐晃	—	—
下ヒ郡統一	カイ越	張飛	荀イク	陳登
	徐晃	孫策	—	—
東郡統一	張飛	荀イク	陳登	徐晃
	孫策	太史慈	—	—

ランダム獲得武将

獲得方法	獲得武将			
済南国統一	荀イク	陳登	徐晃	孫策
	太史慈	張既	—	—
河内郡統一	陳登	徐晃	孫策	太史慈
	張既	蒋欽	—	—
上党郡統一	徐晃	孫策	太史慈	張既
	蒋欽	鄒氏	—	—
北海国統一	孫策	太史慈	張既	蒋欽
	鄒氏	周泰	—	—
晋陽郡統一	太史慈	張既	蒋欽	鄒氏
	周泰	陳宮	—	—
代郡統一	張既	蒋欽	鄒氏	周泰
	陳宮	公孫サン	—	—
北平郡統一	蒋欽	鄒氏	周泰	陳宮
	公孫サン	温恢	—	—
新野郡統一	鄒氏	周泰	陳宮	公孫サン
	温恢	顔良	—	—
江夏郡統一	周泰	陳宮	公孫サン	温恢
	顔良	文醜	—	—
予章郡統一	陳宮	公孫サン	温恢	顔良
	文醜	趙雲	—	—
南郡郡統一	公孫サン	温恢	顔良	文醜
	趙雲	田豊	—	—
長沙郡統一	温恢	顔良	文醜	趙雲
	田豊	審配	—	—
淮陰郡統一	顔良	文醜	趙雲	田豊
	審配	郭嘉	—	—
馮翊郡統一	文醜	趙雲	田豊	審配
	郭嘉	文聘	—	—
新城郡統一	趙雲	田豊	審配	郭嘉
	文聘	徐庶	—	—
巴東郡統一	田豊	審配	郭嘉	文聘
	徐庶	孫尚香	—	—
巴西郡統一	審配	郭嘉	文聘	徐庶
	孫尚香	ホウ統	—	—
淮南郡統一	郭嘉	文聘	徐庶	孫尚香
	ホウ統	凌統	—	—
梓潼郡統一	文聘	徐庶	孫尚香	ホウ統
	凌統	霍峻	—	—
漢中郡統一	徐庶	孫尚香	ホウ統	凌統
	霍峻	周瑜	—	—
襄陽郡統一	孫尚香	ホウ統	凌統	霍峻
	周瑜	黄忠	—	—
武陵郡統一	ホウ統	凌統	霍峻	周瑜
	黄忠	魏延	—	—
廬江郡統一	凌統	霍峻	周瑜	黄忠
	魏延	賈ク	—	—
建寧郡統一	霍峻	周瑜	黄忠	魏延
	賈ク	呉懿	—	—
雲南郡統一	周瑜	黄忠	魏延	賈ク
	呉懿	朱然	—	—
天水郡統一	黄忠	魏延	賈ク	呉懿
	朱然	馬超	—	—

獲得方法	獲得武将			
西平郡統一	魏延	賈ク	呉懿	朱然
	馬超	孫桓	—	—
扶風郡統一	賈ク	呉懿	朱然	馬超
	孫桓	夏侯淵	—	—
魏郡統一	呉懿	朱然	馬超	孫桓
	夏侯淵	曹仁	—	—
丹陽郡統一	朱然	馬超	孫桓	夏侯淵
	曹仁	呂蒙	—	—
武都郡統一	馬超	孫桓	夏侯淵	曹仁
	呂蒙	沙摩柯	—	—
武威郡統一	孫桓	夏侯淵	曹仁	呂蒙
	沙摩柯	陸遜	—	—
常山郡統一	夏侯淵	曹仁	呂蒙	沙摩柯
	陸遜	張遼	—	—
呉郡統一	曹仁	呂蒙	沙摩柯	陸遜
	張遼	王双	—	—
蜀郡統一	呂蒙	沙摩柯	陸遜	張遼
	王双	孟獲	—	—
渤海郡統一	沙摩柯	陸遜	張遼	王双
	孟獲	祝融	—	—
交趾郡統一	陸遜	張遼	王双	孟獲
	祝融	王平	—	—
会稽郡統一	張遼	王双	孟獲	祝融
	王平	カク昭	—	—
永昌郡統一	王双	孟獲	祝融	王平
	カク昭	夏侯覇	—	—
遼東郡統一	孟獲	祝融	王平	カク昭
	夏侯覇	羊コ	郭淮	—
全土統一	祝融	王平	カク昭	夏侯覇
	羊コ	陸抗	郭淮	ホウ徳
求猛の計略書・初級1	陳式	夏侯恩	雷銅	傅ト
	呉蘭	宋謙	彭越※	—
求猛の計略書・初級2	高翔	張南	公孫越	孫震
	祖茂	孫魯班	英布※	—
求猛の計略書・初級3	蒋舒	賈華	馮習	牛金
	馬休	曹豹	秦良玉※	—
求猛の計略書・中級1	張翼	閻行	胡奮	孫礼
	賀斉	孫皎	彭越※	—
求猛の計略書・中級2	文欽	全ソウ	沈瑩	朱然
	高覧	孫観	英布※	—
求猛の計略書・中級3	留賛	周旨	王双	沙摩柯
	郭淮	陳到	秦良玉※	—
求猛の計略書・上級1	張苞	曹彰	甘寧	曹仁
	高順	張燕	彭越※	—
求猛の計略書・上級2	孫韶	凌統	徐盛	馬岱
	朱桓	張繍	英布※	—
求猛の計略書・上級3	文鴦	関索	魏延	傅僉
	祝融	羅憲	秦良玉※	—
求賢の計略書・初級1	周魴	郭攸之	虞翻	陳羣
	韓浩	吾粲	蕭何※	—
求賢の計略書・初級2	楊儀	陸績	張休	王粲
	呂凱	鍾ヨウ	孔子※	—

ランダム獲得武将

獲得方法	獲得武将			
求賢の計略書・初級3	孔融	厳シュン	顧譚	鄒氏
	王祥	蔡エン	范増※	―
求賢の計略書・中級1	董允	トウ芝	辛ビ	顧雍
	孫乾	張既	蕭何※	―
求賢の計略書・中級2	杜畿	伊籍	国淵	蒋済
	陳珪	費イ	孔子※	―
求賢の計略書・中級3	董和	陸凱	諸葛恪	張昭
	楊阜	李儒	范増※	―
求賢の計略書・上級1	カン沢	カイ越	張悌	法正
	田豊	劉曄	蕭何※	―
求賢の計略書・上級2	馬謖	蒋エン	張松	程イク
	沮授	戯志才	孔子※	―
求賢の計略書・上級3	司馬昭	劉馥	鍾会	魯粛
	張紘	賈ク	范増※	―
求将の計略書・初級1	呉班	孫瑜	陳表	蘇飛
	呂虔	趙累	始皇帝※	―
求将の計略書・初級2	呂範	諸葛セイ	朱治	向寵
	吾彦	王甫	劉邦※	―
求将の計略書・初級3	辛敞	王経	王リョウ	孟達
	馬鉄	劉禅	鄭成功※	―
求将の計略書・中級1	朱拠	張承	黄権	賈逵
	孫登	温恢	始皇帝※	―
求将の計略書・中級2	駱統	馬忠	王伉	田予
	曹叡	張嶷	劉邦※	―
求将の計略書・中級3	王昶	成公英	霍弋	李恢
	王渾	夏侯覇	鄭成功※	―
求将の計略書・上級1	李厳	馬騰	王平	厳顔
	トウ艾	杜預	始皇帝※	―
求将の計略書・上級2	陳泰	関興	郭淮	王基
	姜維	王濬	劉邦※	―
求将の計略書・上級3	司馬師	陸抗	文聘	カク昭
	羊コ	韓遂	鄭成功※	―

100万人の三國志 軍師と問答　いにしえ武将とは……?

p78～79で紹介した武将のうち、※のついた彭越や英布など三国志以外の時代の武将は、非常にレアな「いにしえ武将」で、獲得は各計略書を使った場合に限られる。ほしいひとは狙ってみるといいだろう。

> かつて中国で活躍した伝説の武将たち。ぜひ力を貸してほしいものです

賈ク

称号データ

プレイヤーが得る称号についてまとめたので活用しよう。

称号とは?

クエストの達成やボス戦での勝利などで、プレイヤーは称号ポイントを獲得する。画面には表示されない内部データだが、このポイントが一定数に達することで獲得できるのだ。君主履歴で表示される称号はゲームの進行に影響はないが、ゲームのやりこみ具合の目安になるぞ。

もらえる称号ポイント	
クエスト、エピソード達成	1～170 程度
ボス戦勝利	10～1600 程度
武将コレクション完成	10～400 程度

称号一覧

称号名	必要称号ポイント	称号名	必要称号ポイント
武衛校尉	5	前将軍	19,100
破賊校尉	50	右将軍	21,100
長水校尉	100	左将軍	23,200
奮威校尉	200	安北将軍	25,400
建議校尉	400	安西将軍	27,700
儒林校尉	700	安南将軍	30,100
昭信校尉	1,100	安東将軍	32,600
忠義校尉	1,600	鎮北将軍	35,200
裨将軍	2,200	鎮西将軍	37,900
偏将軍	2,900	鎮南将軍	40,700
護軍	3,700	鎮東将軍	43,600
牙門将軍	4,600	征北将軍	46,600
平北将軍	5,600	征西将軍	49,700
平西将軍	6,700	征南将軍	52,900
平南将軍	7,900	征東将軍	56,200
平東将軍	9,200	車騎将軍	59,600
討逆将軍	10,600	驃騎将軍	63,100
破虜将軍	12,100	衛将軍	66,700
安国将軍	13,700	大都督	70,400
軍師将軍	15,400	大将軍	74,200
後将軍	17,200		